Marc Müller

Elektrischer Leitwert von magnetostriktiven Dy-Nanokontakten

Experimental Condensed Matter Physics
Band 3

Herausgeber
Physikalisches Institut
Prof. Dr. Hilbert von Löhneysen
Prof. Dr. Alexey Ustinov
Prof. Dr. Georg Weiß
Prof. Dr. Wulf Wulfhekel

Eine Übersicht über alle bisher in dieser Schriftenreihe erschienenen Bände
finden Sie am Ende des Buchs.

Elektrischer Leitwert von magnetostriktiven Dy-Nanokontakten

von
Marc Müller

Dissertation, Karlsruher Institut für Technologie
Fakultät für Physik
Tag der mündlichen Prüfung: 04.07.2011
Referenten: Prof. Dr. H. v. Löhneysen, Prof. Dr. G. Weiß

Impressum

Karlsruher Institut für Technologie (KIT)
KIT Scientific Publishing
Straße am Forum 2
D-76131 Karlsruhe
www.ksp.kit.edu

KIT – Universität des Landes Baden-Württemberg und nationales
Forschungszentrum in der Helmholtz-Gemeinschaft

KIT Scientific Publishing 2011
Print on Demand

ISSN 2191-9925
ISBN 978-3-86644-726-4

Elektrischer Leitwert von magnetostriktiven Dy-Nanokontakten

Zur Erlangung des akademischen Grades eines
DOKTORS DER NATURWISSENSCHAFTEN
der Fakultät für Physik des
Karlsruher Instituts für Technologie (KIT)

genehmigte

DISSERTATION

von

Dipl.-Phys. Marc Müller
aus Balingen

Tag der mündlichen Prüfung : 4. Juli 2011
Referent : Prof. Dr. H. v. Löhneysen
Korreferent : Prof. Dr. G. Weiß

Inhaltsverzeichnis

Abbildungsverzeichnis

Tabellenverzeichnis

1 Einleitung

James Prescott Joule entdeckte im Jahre 1842 bei der Untersuchung von Eisen die Magnetostriktion. Er beobachtete, dass sich ein Eisendraht für kleine Magnetfelder entlang der Magnetisierungsrichtung ausdehnt. Dabei ändert sich das Volumen nur sehr wenig, somit muss sich der Draht transversal zusammenziehen [1]. Mit dem Begriff der Magnetostriktion wird eine Längenänderung Δl im Magnetfeld bei konstantem Volumen verbunden. Zu Ehren ihres Entdeckers wurde sie später als Joule'sche Magnetostriktion bezeichnet.

Obgleich in jedem magnetischen Werkstoff prinzipiell Magnetostriktion auftritt, zeigen speziell Ferromagnete, wie das von Joule verwendete Material Eisen, besonders große Magnetostriktionseffekte [2]. Allgemein spricht man von positiver Magnetostriktion $\lambda = \frac{\Delta l}{l}$, wenn sich ein Material in Magnetfeldrichtung ausdehnt. Zieht es sich hingegen zusammen, so wird λ als negativ betrachtet.

Um den Effekt der Magnetostriktion für technische Anwendungen nutzbar zu machen, benötigt man einen großen Wert von λ und zwar bei Temperaturen $T \gtrsim 300$ K. Heutzutage dient dazu die Legierung Terfenol-D $Tb_{0.3}Dy_{0.7}Fe_2$, wobei das „D" für Dysprosium steht. Es besitzt eine große Magnetostriktion bei relativ hoher Curie-Temperatur $T_C = 653$ K [3] und kann schon mit moderaten Magnetfeldern gesättigt werden. Verwendung findet Terfenol-D beispielsweise in magnetischen Aktuatoren sowie diversen Motoren. Weiterhin findet Magnetostriktion Verwendung beim Bau magnetoelastischer Sensoren zur Messung von Zugkraft, Druckkraft sowie Torsion [3].

Mit Hilfe des Magnetostriktionseffektes müsste es demnach möglich sein, einen magnetischen Schalter zu realisieren. Aufgrund der Kleinheit der Ausdehnung (λ nimmt bei Fe, Co, Ni Werte im Bereich von 10^{-5} an [4]) müssten dazu entweder außerordentlich große Magnetfelder verwendet werden oder die durch Magnetostriktion zu überwindende Strecke müsste sehr klein sein. Letzteres ließe sich mittels zweier eng beieinander liegender, angespitzter Drahtenden realisieren. Der Kontakt zwischen den beiden Drahtspitzen ließe sich über das Magnetfeld verändern und könnte im Idealfall atomare Größe erreichen. Auf solch kleinen Skalen verändern sich die elektronischen Transporteigenschaften. Auf makroskopischer Ebene lässt sich der Stromtransport bekanntermaßen durch das von Georg Simon Ohm in seinem Buch „Die Galvanische Kette, mathematisch berechnet" [5] beschriebene Ohmsche Gesetz ausdrücken. Dieses besagt, dass der Leitwert G einer Probe proportional ist zu deren Fläche A und invers proportional zur Probenlänge L. Mit σ als Leitfähigkeit ergibt sich der Ausdruck zu [6]:

$$G = \sigma \frac{S}{L}$$

Dies gilt jedoch nur im Bereich makroskopischer Probenabmessungen die wesentlich größer sind als die charakteristischen Transportlängen wie elastische freie Weglänge l_e und Phasenkohärenzlänge l_φ (vgl. Kapitel 2.1.1). Bei Leitern atomarer Abmessungen verliert das Ohmsche Gesetz seine Gültigkeit. In mesoskopischen Systemen, bei denen $L < l_\varphi$ ist, spielen Quanteneffekte bei der Beschreibung der elektronischen Transporteigenschaften eine zentrale Rolle. Je nach der relativen Größe diverser Längenskalen unterscheidet man mehrere Transportregime (vgl. Kapitel 2.1). Beim Transport gewinnt der Wellencharakter der Elektronen an Bedeutung. Beschrieben wird dieser Transport erstmals von R. Landauer in seiner bekannten Arbeit aus dem Jahre 1957 [7]. Darin kommt er zu einer Interpretation des elektronischen Transportes, der nicht mehr durch das Ohmsche Gesetz beschrieben werden kann, sondern der durch die Transmission von Elektronen durch den Leiter bestimmt wird. Im Falle der Transmission ist der Leitwert quantisiert in Einheiten des Leitwertquants G_0:

$$G_0 = \frac{2e^2}{h} = \frac{1}{12910\,\Omega}$$

Der Faktor 2 rührt von der Spinentartung her. Die Ergebnisse von Landauer konnten zur damaligen Zeit noch nicht angewendet werden. Erst mit der zunehmenden Miniaturisierung in den letzten Jahrzehnten gewinnen sie an Bedeutung.
Mit den aktuell kleinstmöglichen elektronischen Bauteilen lassen sich einzelne Atome oder Moleküle schalten. Zur Untersuchung des elektronischen Transportes durch solche Kontakte gibt es mittlerweile eine Reihe verschie-

dener Techniken. Beispielsweise lässt sich ein Kontakt von ein oder mehreren Atomen untersuchen mit einem STM (englisch: **s**canning **t**unneling **m**icroscope) [8], einem mechanisch kontrollierten Bruchkontakt [6, 9], oder durch elektrochemische Verfahren [10]. Diese Techniken werden zur Untersuchung einer ganzen Reihe verschiedener Elemente verwendet. Mittlerweile gibt es umfassende Daten für Gold [9, 11], Aluminium [9, 12], Silber [10], Cobalt [13], Blei und Niob [9]. Trotz dieser Vielfalt an Untersuchungen existiert bislang kein klarer Nachweis für magnetfeldinduziertes Schalten auf atomarer Skala auf Grundlage der Magnetostriktion. Allerdings wurden bei Rotation einer Ni-Probe im Magnetfeld [14] Änderungen des Leitwerts von der Größe einiger Leitwertquanten entdeckt. Eine der möglichen Erklärungen hierfür wäre die Magnetostriktion, jedoch wurde deren Effekt auf die Leitwertänderungen in ferromagnetischen Übergangsmetallen bisher nicht systematisch untersucht [15].

Zur Untersuchung des Einflusses der Magnetostriktion auf den elektronischen Transport in atomaren Kontakten sollte ein Element mit großem λ gewählt werden. Das Selten-Erd-Metall Dysprosium ist bei tiefen Temperaturen ferromagnetisch und besitzt in diesem Zustand mit $\lambda \approx 10^{-3}$ den größten bekannten Magnetostriktionswert aller Elemente [16]. Die magnetischen Eigenschaften von Dy sind sehr interessant, da sie durch die 4f-Zustände verursacht werden, die durch die weiter außen liegenden s-Elektronen abgeschirmt werden. Dies begründet unter anderem die hohen magnetischen Anisotropien. Da sich Dy an Luft sehr schnell mit einer Oxidschicht bedeckt, darf der Bruch des Drahtes nicht unter Atmosphäre erfolgen. All diese Anforderungen erfüllt die Verwendung der Bruchkontakt-Technik in einem ^{4}He-Badkryostaten.

In dieser Arbeit soll mit Hilfe eines mechanisch kontrollierten Dy-Bruchkontaktes der Einfluss der Magnetsotriktion auf den elektronischen Transport untersucht werden. Die Realisierung eines magnetfeldinduzierten Schalters soll gezeigt und der Leitwert untersucht werden. Zusätzlich zum rein magnetfeldinduzierten Schalten ist von Interesse, welchen Einfluss die Magnetostriktion auf den Leitwert unter Anwendung mechanischer Spannungen am Kontakt besitzt.

In Kapitel 2 sollen zunächst die notwendigen theoretischen Grundlagen zum Verständnis der weiteren Arbeit dargestellt werden. Einen Einblick in die Probenherstellung sowie den experimentellen Aufbau liefert Kapitel 3.

Die sich anschließenden Kapitel 4 sowie 5 fassen die Ergebnisse der Untersuchungen zusammen. Untergliedert sind sie nach der Art des Messverfahrens: Das Kapitel „Magnetfeldinduziertes Schalten des Kontakts" (vgl. Kapitel 4) umfasst Messungen, in denen das Magnetfeld als Ursache des Schaltvorganges dient. Ist hingegen das Öffnen bzw. Schließen des Kontaktes mechanisch kontrolliert, so sind die Daten in Kapitel 5 („Mechanisches Schalten des Kontakts") zu finden. Abgeschlossen wird die Arbeit durch eine kurze Zusammenfassung (vgl. Kapitel 6).

2 Grundlagen

2.1 Transport durch atomare Kontakte

In diesem Kapitel soll ein Überblick über die zum Verständnis dieser Arbeit benötigten theoretischen Grundlagen gegeben werden.

2.1.1 Längenskalen und Transportregime

Einfache Konzepte wie beispielsweise das Ohmsche Gesetz sind auf atomarer Skala zur Beschreibung des elektronischen Transportes nicht mehr anwendbar. Leiter atomarer Größe sind ein Grenzfall mesoskopischer Systeme, in welchen die Quantenkohärenz von Elektronenwellen eine zentrale Rolle in den Transporteigenschaften spielt. In solchen Systemen lassen sich die unterschiedlichen Transportregime durch verschiedene Längenskalen unterscheiden [6].

Elastische freie Weglänge l_e

Die elastische freie Weglänge l_e bezeichnet die Strecke zwischen elastischen Stößen an statischen Störstellen [6], wie beispielsweise unmagnetische Verunreinigungen, Korngrenzen, Oberflächen oder Versetzungen. Zwischen zweien dieser Stöße ist die Bewegung linear mit der Fermigeschwindigkeit v_F. Die Ladungsträger legen in einer Stoßzeit τ_e die Strecke $l_e = v_F \tau_e$ zurück, die von der Größenordnung einiger Å bis zu mehreren hundert Å liegt [17]. Dabei entspricht l_e dem mittleren Abstand zwischen zwei Stößen. Finden bei Transportmessungen die Stöße hauptsächlich mit kleinem Impulsübertrag statt und relaxiert daher der Impuls erst über mehrere Stöße, so kann sich die sogenannte Impulsrelaxationszeit τ' von τ_e unterscheiden. Solche Kleinwinkelstreuprozesse sind erst bei tiefen Temperaturen häufig. Die Impulsrelaxationszeit, die aus der Boltzmann-Gleichung folgt, ist im allgemeinen größer als τ_e und somit ist die beobachtete freie Weglänge größer als l_e [18].

Phasenkohärenzlänge l_φ

Die Phasenkohärenzlänge l_φ gibt diejenige Strecke an, über die Phasenkohärenz erhalten ist. Auf dieser Strecke ist die Phasendifferenz zwischen zwei Elektronenpfaden gerade um 2π angewachsen, d.h. es besteht keine Phasenkohärenz mehr. Inelastische Streuprozesse wie Elektron-Elektron- sowie Elektron-Phonon-Streuung können die Phasenkohärenz zerstören. Ebenso ändert die Streuung von Elektronen an magnetischen Verunreinigungen die Phase. Dagegen zerstört elastische Streuung an statischen nicht-magnetischen Störstellen die Kohärenzlänge nicht. l_φ liegt in der Größenordnung von rund 1 μm (beispielsweise für Gold bei T = 1 K oder bei normalen Metallen) und lässt sich im diffusiven Transportregime mit τ_φ schreiben als [6, 18]:

$$l_\varphi = \sqrt{D\tau_\varphi}$$

Darin ist $D = \frac{1}{3}v_F l_e$ die Diffusionskonstante der Elektronen [18].

Transportregime

Reduziert man in einer Probe der Länge L den Durchmesser immer weiter, so ändert sich das Verhalten vom diffusiven zum ballistischen Transport, wenn der Durchmesser in den Bereich der Fermi-Wellenlänge λ_F kommt und die Probenlänge $L < l_e$ beträgt. In Metallen liegt λ_F in der Größenordnung einiger nm oder sogar weniger. In diesem ballistischen Regime wird der Elektronenimpuls nur durch Streuung an den Probenbegrenzungen geändert [6]. Eine kurze Einschnürung der Abmessungen $W \sim \lambda_F$ zwischen zwei ausgedehnten Elektronenreservoiren bezeichnet man als Quantenpunktkontakt (QPK) [19].
Die verschiedenen Regime lassen sich mit den bereits eingeführten Längenskalen voneinander abgrenzen:

- Diffusives Regime: $L \gg l_e$

  Im quasiklassischen Bild lässt sich die Elektronenbewegung als zufälliger Weg der mittleren Schrittweite l_e zwischen den Verunreinigungen darstellen.

- Mesoskopisches Regime: $L < l_\varphi$

  Das mesoskopische Regime bezeichnet den Bereich zwischen mikroskopischen Systemen, in denen der elektronische Transport quantenmechanisch beschrieben werden muss, und makroskopischen Systemen, die quasiklassisch beschrieben werden können. Typische Probenabmessungen L sind in mesoskopischen Systemen von der Größenordnung weniger nm bis μm.

- Ballistisches Regime: $L < l_e$

  Die Elektronen passieren die Einschnürung auf direktem Wege, ohne Streuung oder Stöße. Die Leitfähigkeit im ballistischen Regime wird nur durch die Probengeometrie sowie die Elektronendichte bestimmt [8].

2.1.2 Elektronische Zustandsdichte

In der vorliegenden Arbeit wurde die Leitfähigkeit von metallischen Nanokontakten untersucht. Man kann diese als einen quasi-eindimensionalen Leiter betrachten, der in z-Richtung ausgedehnt ist, in der xy-Ebene allerdings Dimensionen im Nanometerbereich besitzt. Die Energien eines Elektrons in einem solchen System sind gegeben durch:

$$E = E_{i,j} + \frac{\hbar^2 k_z^2}{2m^*} \tag{2.1}$$

Darin sind i, j die Quantenzahlen der Eigenzustände in der xy-Ebene, k_z der Wellenvektor in z-Richtung und m^* die effektive Elektronenmasse. Die Dispersionsrelation der Elektronen besteht somit aus einer Reihe von eindimensionalen Subbändern $E \propto k^2$, wobei jedes einzelne zu einer unterschiedlichen Energie $E_{i,j}$ gehört. Die Anzahl der Zustände $Z(k_z)$ in einer Dimension ist mit L_z als Länge des Drahtstückes gegeben durch:

$$Z(k) = 2 \cdot 2 \cdot \frac{L_z}{2\pi} = \frac{4L_z}{2\pi}$$

Darin spiegelt der erste Faktor die Spinentartung wider, der zweite berücksichtigt das Auftreten positiver sowie negativer k_z-Werte. Differenzieren von Gleichung (2.1) nach E sowie Verwendung der allgemeinen Impulsrelation $\hbar\mathbf{k} = m^*\mathbf{v}$ liefert als Ableitung $\frac{dk_z}{dE} = \frac{m^*}{\hbar\sqrt{2m^*(E-E_{i,j})}} = \frac{1}{\hbar v_{i,j}}$. Die Zustandsdichte eines einzelnen Subbandes errechnet sich damit zu:

$$D_{i,j} = Z(k_z)\frac{dk_z}{dE} = \frac{4L_z}{2\pi}\frac{1}{\hbar v_{i,j}} = \frac{4L_z}{h v_{i,j}}$$

Darin ist $v_{i,j}$ die Geschwindigkeit der Elektronen im Subband i,j mit der kinetischen Energie E-$E_{i,j}$. Die gesamte elektronische Zustandsdichte ergibt sich als Summe der Zustandsdichten der einzelnen Subbänder [20]:

$$D(E) = \sum_{i,j} D_{i,j}(E) = \frac{4L_z}{hv} \propto \frac{1}{\sqrt{E}} \tag{2.2}$$

Abbildung 2.1 stellt den Verlauf von Gleichung (2.2) dar.

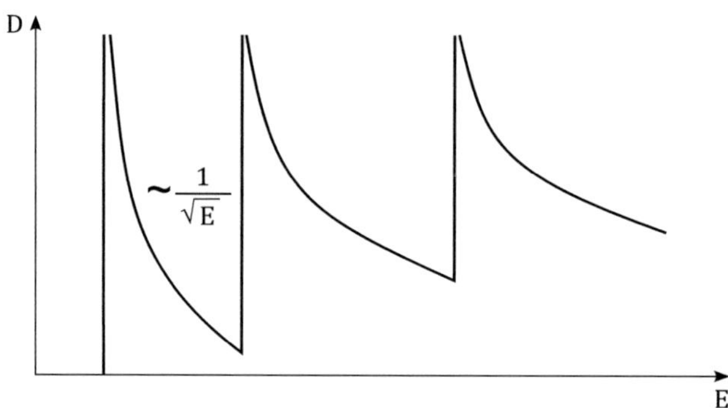

Abbildung 2.1: Eindimensionale Zustandsdichte

2.2 Elektrische Leitfähigkeit

Abbildung 2.2 zeigt ein Beispiel einer Leitwertkurve gemessen an einem Gold-Kontakt hergestellt im STM. Aufgetragen ist der Leitwert G in Einheiten von $\frac{2e^2}{h}$ über dem Kontaktabstand [8]. Man erkennt, dass der Leitwert sich nicht kontinuierlich ändert, sondern in Stufen. Insbesondere ergibt sich ein Leitwertplateau bei $G = \frac{2e^2}{h}$, bevor der Kontakt bricht.

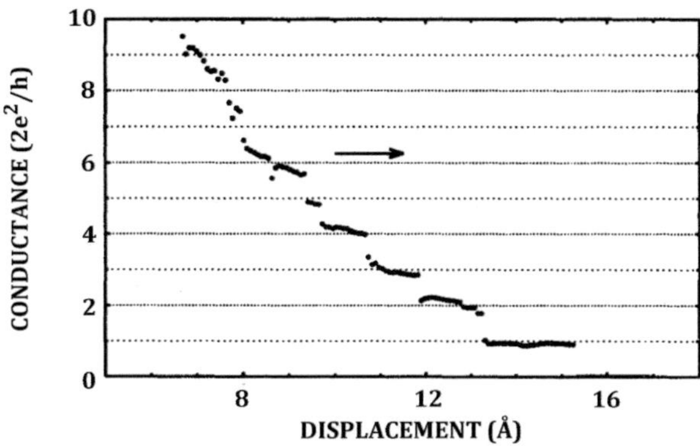

Abbildung 2.2: Beispiel einer Leitwertkurve eines Au-Kontakts hergestellt im STM [8]

Zur Erklärung dieser sogenannten Leitwertquantisierung wird das Modell des freien Elektronengases verwendet. Wechselwirkungen zwischen Elektronen werden vernachlässigt. Das Modell des freien Elektronengases lässt sich auf schwere Alkalimetalle (z.B. Na, K) sowie monovalente Edelmetalle (z.B. Cu, Au, Pt), die diesen Voraussetzungen am nächsten kommen, gut anwenden. Eine nicht-kontinuierliche Abnahme des Leitwerts wurde auch für mechanisch kontrollierte Bruchkontakte der Metalle Al, Cu, Pt sowie Na beobachtet [21].

Eine Quantisierung des Leitwerts G kann auftreten, falls die Leitungselektronen in ihrer Bewegung senkrecht zum Strom auf der Größe ihrer Fermiwellenlänge eingeschnürt werden. Dies wird in dieser Arbeit durch die Probenabmessungen erreicht [8].

Beschreiben lässt sich dieses Verhalten über den Landauer-Formalismus. Es gibt eine Reihe an alternativen Beschreibungen. Im Folgenden soll eine zweipolige Geometrie genauer betrachtet werden [22].

2.2.1 Elektronentransport im Landauer Formalismus

In einem typischen Transportexperiment an einer mesoskopischen Probe ist die Probe an makroskopische Elektronenreservoire, die Elektroden, gekoppelt, die sich im thermischen Gleichgewicht mit definierter Temperatur und elektro-chemischen Potentialen μ_1, μ_2 befinden. Zudem wird angenommen, dass die Phasenkohärenz der Elektronen-Wellenfunktionen über die

gesamte Probe erhalten und inelastische Streuung auf die Elektronenreservoire begrenzt ist. Die Transporteigenschaften werden durch eine hermitesche $N_1 \times N_2$-Streumatrix S mit Transmissions- und Reflexionswahr-
scheinlichkeitsamplituden für die in die Probe einfallende Elektronenwelle
beschrieben. Darin spiegeln N_1 bzw. N_2 die Zahl der ein- bzw. auslaufenden
Moden wider, wobei die Anzahl N_1 nicht zwangsläufig N_2 entsprechen muss.
Im Falle $N_1 = N_2 = 2$ handelt es sich um eine zweipolige Konfiguration,
welche im Folgenden betrachtet werden soll.

Abbildung 2.3 zeigt eine Konfiguration, in welcher der Kontakt als Streumatrix S dargestellt ist. Perfekte Zuleitungen, in denen sich die Elektronen als
ebene Wellen in z-Richtung ausbreiten, verbinden dieses Zentrum mit den
Elektronenreservoiren.

Zur Vereinfachungen nehmen wir eine perfekte Kopplung zwischen An-
schlüssen und Elektronenreservoiren mit vollständiger Transmission (d.h.
Transmissionsamplitude 1) durch den Kontakt an. Beide Annahmen ver-
einfachen das Problem sehr. Dennoch ist dies eine gute Näherung zur Beschreibung vieler Experimente an mesoskopischen Proben [6].

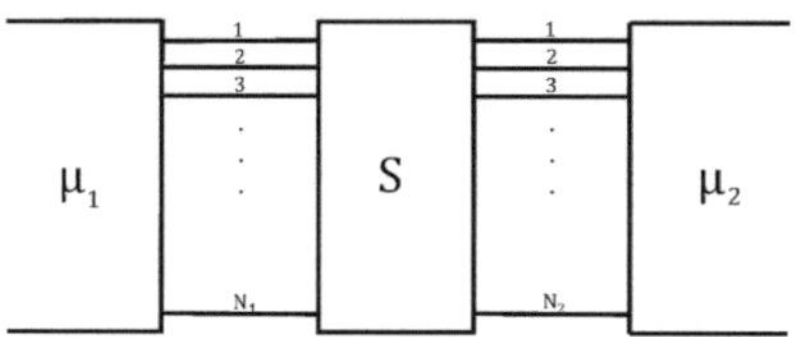

Abbildung 2.3: Streumatrix S

Zunächst betrachten wir den Fall eines perfekt leitenden eindimensionalen
Leiters mit nur einer besetzten Mode. Hervorgerufen durch die unterschiedlichen Potentiale μ_1, μ_2 existiert eine Differenz zwischen Ladungsträgern,
die sich von μ_1 nach μ_2 bewegen (beschrieben durch die Fermi-Verteilungs-
funktion $f_1 = \dfrac{1}{1+e^{\frac{(E_k-\mu)}{k_B T}}}$ von Potential μ_1), und solchen der entgegengesetzten
Bewegungsrichtung (beschrieben durch f_2). Der Gesamtstrom ergibt sich
mit σ als Elektronenspin aus der Summe über die Einzelströme:

$$I = \frac{e}{L} \sum_{k\sigma} v_k(f_1(E_k) - f_2(E_k)) = \frac{e}{\pi} \int_{-\infty}^{\infty} dk v_k(f_1(E_k) - f_2(E_k))$$

Für einen langen Leiter kann man die Summe durch ein Integral über alle erlaubten k-Werte ersetzen. Nimmt man die Spinentartung durch einen Faktors 2 sowie die Zustandsdichte des eindimensionalen Systems aus Gleichung (2.2) hinzu, so kann der Strom geschrieben werden als [6]:

$$I = \frac{2e}{h} \int_{-\infty}^{\infty} dE(f_1(E) - f_2(E)) \tag{2.3}$$

Anhand einer Anordnung wie in Abbildung 2.3 dargestellt soll nun der Fall eines 2-poligen Systems, umgesetzt beispielsweise in einer Zweipunktmessung, errechnet werden. Die Amplituden für einfallende und auslaufende Wellen sind über eine energieabhängige Streumatrix S verbunden:

$$S = \begin{pmatrix} \mathbf{s}_{11} & \mathbf{s}_{12} \\ \mathbf{s}_{21} & \mathbf{s}_{22} \end{pmatrix} = \begin{pmatrix} \mathbf{r} & \mathbf{t'} \\ \mathbf{t} & \mathbf{r'} \end{pmatrix}$$

Darin sind $\mathbf{s}_{\alpha\beta} N_\alpha \times N_\beta$-Matrizen, deren Komponenten $(\mathbf{s}_{\alpha\beta})_{mn}$ das Verhältnis zwischen ausfallender Amplitude von Mode n in Zuleitung α und einfallender Amplitude der Mode m in Zuleitung β angeben. Mit der Transmissionswahrscheinlichkeitsamplitude $T_{12} = \mathrm{Sp}(\mathbf{t}^\dagger\mathbf{t})$ folgt nach Aufsummierung der Beiträge aller Moden für den Gesamtstrom von Zuleitung 1:

$$I_1 = \frac{2e}{h} \int_{-\infty}^{\infty} dE(f_1(E) - f_2(E))T_{12}$$

Daraus folgt für den Leitwert:

$$G = \frac{I}{(\mu_1 - \mu_2)} = \frac{2e^2}{h} \int_{-\infty}^{\infty} dE \left(-\frac{\delta f}{\delta E} \right) T_{12}$$

Bei einer Temperatur von $T = 0$ reduziert sich diese Gleichung auf die Landauer-Formel mit Spinentartung [6]:

$$G = \left(\frac{2e^2}{h} \right) T_{12} \tag{2.4}$$

T_{12} in Gleichung (2.4) beschreibt die Transmission zwischen den idealen Zuleitungen, nicht diejenige zwischen den Reservoiren [22]. $\mathbf{t}^\dagger\mathbf{t}$ ist eine hermitesche Matrix (analoges gilt für $\mathbf{r}^\dagger\mathbf{r}$). Diese lässt sich durch eine unitäre

Transformation auf Diagonalform bringen. Die Eigenvektoren der Matrix $\mathbf{t}^\dagger\mathbf{t}$ heißen Kanäle bzw. Moden und besitzen die reellen Eigenwerte $0 \leq \tau_i \leq 1$, wobei i = 1,...,N. Auf Basis dieser Beschreibung wird das Problem zu einer Superposition unabhängiger Einzelkanäle. Mit N als Anzahl der Moden pro Zuleitung folgt für den Leitwert:

$$G = \left(\frac{2e^2}{h}\right)\sum_{i=1}^{N}\tau_i \tag{2.5}$$

Bei Vorliegen eines rein ballistischen Ladungstransportes ist $\sum_{i=1}^{N}\tau_i = 1$. Somit vereinfacht sich Gleichung (2.4) zu:

$$G_0 = \frac{1}{R_0} = \frac{2e^2}{h} = \frac{1}{12910\ \Omega} \tag{2.6}$$

Demnach wird bei idealer Transmission der Leitwert nicht unendlich groß, sondern ist quantisiert in Einheiten des Leitwertquants G_0. Der endliche Widerstand $R_0 = \frac{1}{G_0} = 12910\ \Omega$ wird als Kontaktwiderstand zwischen Reservoiren und Zuleitungen gedeutet [18, 23].

2.3 Magnetische Anisotropien

Besitzt ein magnetischer Festkörper ohne außen angelegtes Magnetfeld eine Vorzugsrichtung der Magnetisierung $\boldsymbol{M}$, so spricht man von magnetischer Anisotropie. Die Richtung der spontanen Magnetisierung wird Richtung leichter Magnetisierung genannt.
Allgemein bezeichnet die magnetische Anisotropieenergie den Beitrag der magnetischen Energie, der von der Richtung von $\boldsymbol{M}$ abhängt. Sie bezeichnet die Energie, die benötigt wird, um die Magnetisierung von der Richtung minimaler Energie (leichte Magnetisierungsachse) in die Richtung maximaler Energie, schwere Magnetisierungsachse genannt, zu drehen [24, 25, 26]. Je nach Ursache werden verschiedene Beiträge zur gesamten magnetischen Anisotropie unterschieden:

2.3.1 Kristallanisotropie

Die bereits erwähnte Beobachtung, dass sich in einem ferromagnetischen Kristall die Magnetisierung in Richtung gewisser kristallographischer Achsen – den Richtungen leichter Magnetisierung – ausbildet, nennt man magnetokristalline Anisotropie bzw. Kristallanisotropie [17]. Sie hängt demnach von der Orientierung der Magnetisierung relativ zum Kristallgitter ab.

Wird ein Magnetfeld angelegt, so werden die Domänen mit Magnetisierungsvektor in Feldrichtung auf Kosten anders ausgerichteter Domänen an Größe zunehmen. Dieser als „domain wall motion" bezeichnete Vorgang ist abgeschlossen, wenn alle nicht parallel ausgerichteten Domänen verschwunden sind.

In hexagonalen Kristallen hängt die Anisotropieenergie E von den Winkeln θ und ϕ zwischen der Magnetisierungsrichtung und den Kristallachsen c (0001) sowie a (11$\bar{2}$0) ab. Mit den Kugelflächenfunktionen $Y_l^m(\theta, \phi)$ normiert auf $Y_l^m(0, 0)$:

$$E = K_2 Y_2^0(\theta, \phi) + K_4 Y_4^0(\theta, \phi) + K_6 Y_6^0(\theta, \phi) + K_6^6 sin^6\theta\, cos6\phi \qquad (2.7)$$

Die ersten drei Anisotropiekoeffizienten K_l mit den dazugehörigen Kugelflächenfunktionen beschreiben die dominierende uniaxiale Anisotropie. Dagegen verweist der Term K_6^6 auf Komponenten der sechszähligen Basisebene. In dieser Konvention begünstigen positive Werte von K_l die Ausrichtung der magnetischen Momente in der Basisebene, negative K_l diejenige in Richtung der c-Achse. Die Koeffizienten K_l weisen eine mit der Magnetisierung verbundene Temperaturabhängigkeit auf. Tabelle 2.1 gibt einige Werte für K_l für Dy an.

	K_2	K_4	K_6	K_6^6
$\frac{J}{cm^3}$ @ $T = 0$	33.64	3.02	1.47	-0.80
$\frac{J}{cm^3}$ @ $T = 4\,\mathrm{K}$	55	5.4	0	-0.76

Tabelle 2.1: Anisotropiekoeffizienten von Dysprosium [27, 28]. Die obere Zeile zeigt die theoretischen, die untere die experimentell bestimmten Werte.

Die verschiedenen Ordnungen der Anisotropie (l = 2, 4, 6) enthalten sowohl Beiträge durch den Einfluss des Kristallfeldes auf das magnetische Moment (Einzel-Ion-Beitrag) als auch durch die Austauschwechselwirkung zwischen zwei magnetischen Momenten (Austauschbeitrag) [29]. Allerdings ist letzterer bei Dysprosium vernachlässigbar [27].

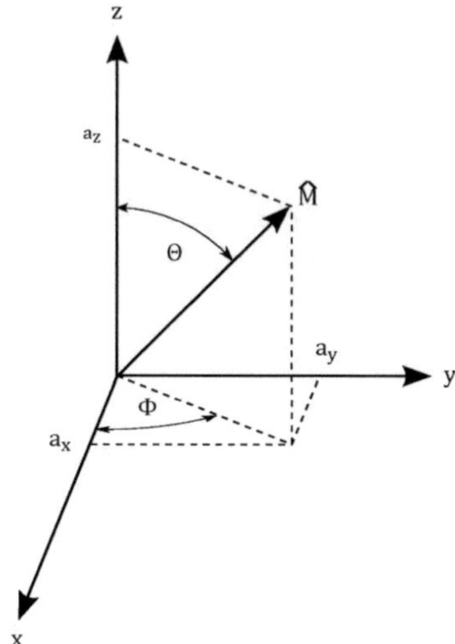

Abbildung 2.4: Koordinatensystem der Kugelkoordinaten

Gleichung (2.7) beinhaltet die Darstellung über die Richtungskosinusse α_x, α_y, α_z (vgl. Abbildung 2.4) gemäß:

$$\alpha_x = \sin\theta\,\cos\phi$$

$$\alpha_y = \sin\theta\,\sin\phi$$

$$\alpha_z = \cos\theta$$

Damit lässt sich Gleichung (2.7) schreiben als:

$$
\begin{aligned}
E = {}& K^{\alpha,2}\left(\alpha_z^2 - \frac{1}{3}\right) \\
&+ K^{\alpha,4}\left(\alpha_z^4 - \frac{6}{7}\alpha_z^2 + \frac{3}{35}\right) \\
&+ K^{\alpha,6}\left(\alpha_z^6 - \frac{15}{11}\alpha_z^4 + \frac{5}{11}\alpha_z^2 - \frac{5}{231}\right) \\
&+ K^{\alpha,6'}\left(\alpha_x^6 - 15\alpha_x^4\alpha_y^2 + 15\alpha_x^2\alpha_y^4 - \alpha_y^6\right)
\end{aligned}
\tag{2.8}
$$

Die Ursache der Kristallanisotropie liegt in der Spin-Bahn-Kopplung. In der Näherung der LS-Kopplung koppelt der Gesamt-Spin S an den Gesamt-

Bahndrehimpuls L der Elektronen des Atoms. Die Wechselwirkung zwischen Bahn L und Gitter ist groß, da die Richtungen der Orbitale über chemische Bindungen stark ans Gitter gebunden sind. Dadurch koppelt S bzw. J an das Kristallgitter des Festkörpers. Versucht ein äußeres Magnetfeld den Spin eines Elektrons auszurichten, so wirkt sich das aufgrund der Spin-Bahn-Kopplung auf die Bahnbewegung aus. Diese ist jedoch mit dem Gitter gekoppelt und erschwert die Neuausrichtung. Die Anisotropieenergie ist näherungsweise die zur Überwindung der Spin-Bahn-Kopplung benötigte Energie [30].

2.3.2 Formanisotropie

Es gibt einen Beitrag zur Anisotropie, welcher von der relativen Orientierung der Magnetisierung zur Probenform abhängt. Die sogenannte Formanisotropie gewinnt an besonderer Bedeutung im Falle niedrig dimensionaler Systeme (z.B. dünne Schichte, Drähte) [24].
Für eine polykristalline, sphärische Probe ohne Vorzugsrichtung ihrer Magnetisierung (und damit ohne Kristallanisotropie) wird ein im Betrag konstantes Magnetfeld sie in jegliche Richtung gleich stark magnetisieren. Bei nicht-sphärischer Geometrie lässt sich die Probe leichter in Richtung der langen Achse magnetisieren. Der Grund liegt im Entmagnetisierungsfeld $\mathbf{H}_d$, welches für Ellipsoide durch den sogenannten Entmagnetisierungstensor N_d berechnet werden kann:

$$\mathbf{H}_d = N_d \mathbf{M}$$

$\mathbf{H}_d$ ist entlang der kürzeren Achse stärker als in Richtung der langen Achse. Daher muss das äußere Feld entlang der kürzeren Achse zur Herstellung desselben makroskopischen Feldes innerhalb der Probe stärker sein. Ein magnetisches Moment an einem bestimmten Ort i in der Probe erfährt demnach ein Dipolfeld, welches stark von den magnetischen Momenten an der Proben-Oberfläche beeinflusst wird. Grund hierfür ist die langreichweitige, schwach abfallende magnetische Dipol-Dipol-Wechselwirkung [30].

2.3.3 Oberflächenanisotropie

In dünnen Filmen und an Oberflächen gibt es noch die sogenannte Oberflächen- bzw. Grenzflächenanisotropie. Diese tritt infolge der senkrecht zur

Oberfläche gebrochenen Translationsinvarianz an Oberflächen und Grenz-
flächen auf. Dabei richten sich die magnetischen Momente bevorzugt senkrecht zur Grenzfläche aus. Der Beitrag zur Gesamtanisotropie eines Schicht-
systems nimmt meist mit abnehmender Schichtdicke zu [25].

2.4 Magnetostriktion

Im Allgemeinen werden unter Magnetostriktion alle Änderungen der geo-
metrischen Abmessungen verstanden, die von Magnetisierungsänderun-
gen hervorgerufen werden [31]. Magnetostriktion tritt prinzipiell in allen magnetischen Werkstoffen auf, ist jedoch besonders gut bei Ferro-,
Antiferro-, sowie Ferrimagneten zu beobachten. Von positiver Magnetostriktion ist die Rede, wenn sich der Körper in Magnetisierungsrichtung
ausdehnt. Andernfalls spricht man von negativer Magnetostriktion [2].
Wird eine ferromagnetische Probe magnetisiert, kann eine Kristalldeforma-
tion bei konstantem Volumen beobachtet werden (sogenannte Joule'sche
Magnetostriktion). Diese Deformation ist anisotrop und wird typischerweise als Längenänderung entlang einer bestimmten Richtung ausgedrückt.
Eine solche als Magnetostriktion bezeichnete Längenänderung $\lambda = \frac{\Delta l}{l}$ ist für
die 3d-Übergangsmetalle Fe, Co, Ni $\approx 10^{-5}$ - 10^{-7}, kann aber für die Seltenen
Erden und Seltenerd-Übergangsmetall-Verbindungen bis zu 10^{-3} betragen.
Umgekehrt führt die Aufprägung einer externen Spannung zu einer Änderung der Magnetisierung – auch bekannt als Villary-Effekt (vgl. Kapitel 2.4.3)
[24].

2.4.1 Arten der Magnetostriktion

In ferromagnetischen Materialien mit Domänenstruktur müssen mehrere
Arten der Magnetostriktion unterschieden werden [4].

Joule'sche Magnetostriktion

Die spontane Magnetostriktion beschreibt den Effekt, der beim Abkühlen einer ferromagnetischen Probe von einer Temperatur oberhalb seiner Curie-
Temperatur T_C auf eine Temperatur $T < T_C$ auftritt. Dabei ordnen sich die
magnetischen Momente in jeder Domäne in einer Vorzugsrichtung aus, wodurch eine Formänderung zu beobachten ist (vgl. Abbildung 2.5).

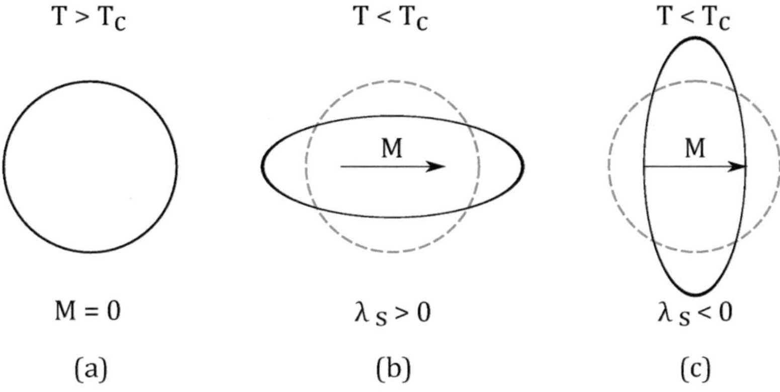

Abbildung 2.5: Spontane Magnetostriktion beim Abkühlen [31]

Die Ursache der Verformung ist die Spin-Bahn-Kopplung. Die Probe versucht durch die elastische Deformation ein Minimum der Gesamtenergie zu erreichen, wodurch sich sowohl die Beiträge der Kristall- als auch Austauschenergie entsprechend verändern.

Die über alle Domänen summierte Längenänderung λ in einer Richtung wird gemessen als (mit l als ursprünglicher Länge der Probe):

$$\lambda = \frac{\Delta l}{l} = \frac{l(M(H)) - l(M(0))}{l(M(0))} \tag{2.9}$$

Diese anisotrope Magnetostriktion resultiert aus der Änderung der magnetischen Domänen, d.h. aus dem Eindrehen der spontanen Magnetisierung in Richtung eines äußeren Feldes. Somit ist sie eine Funktion des Winkels zwischen der Richtung, in der die Magnetostriktion gemessen wird, und der Richtung der Magnetisierung. Diese Art der Magnetostriktion äußert sich in einer intrinsischen Verformung, wodurch der Kristall nicht mehr dieselbe Symmetrie wie vorher besitzt [4].

Aus der Existenz der anisotropen Magnetostriktion folgt, dass es eine Wechselwirkung zwischen Magnetisierungsrichtung und mechanischen Spannungen gibt. Somit muss die magnetische Anisotropie-Energie magnetoelastische Terme enthalten, die sowohl von Spannungen als auch von der Magnetisierungsrichtung relativ zu den Kristallachsen abhängen (vgl. Kapitel 2.4.3) [29].

Volumenmagnetostriktion

Wird eine ferromagnetische Probe über ihre Sättigung hinaus magnetisiert, so ist der beobachtete Magnetostriktionseffekt vorwiegend eine Volumenänderung, welche in jeder Richtung von gleicher Stärke ist. Diese sogenannte Volumenmagnetostriktion setzt sich aus drei Beiträgen zusammen, ist aber in den meisten Ferromagneten sehr klein. Der für den Volumeneffekt verantwortliche Beitrag ist proportional zum externen Feld und unabhängig von dessen Ausrichtung relativ zu den Kristallachsen. Der Ursprung der Volumenmagnetostriktion liegt in der Volumenabhängigkeit der spontanen Magnetisierung [1]. Die maximalen Änderungen werden im Bereich knapp unterhalb der magnetischen Ordnungstemperatur (T_N bzw. T_C) erreicht [4]. Die Volumenmagnetostriktion ist viel kleiner als die Joule'sche Magnetostriktion [32, 33, 34].

Formeffekt

Wird eine Probe magnetisiert, so tritt eine Dehnung $\left(\frac{\Delta l}{l}\right)_f$ auf, deren physikalischer Ursprung sich von demjenigen der Magnetostriktion unterscheidet. Da die Dehnung von der Probenform abhängt, wird diese Beobachtung Formeffekt genannt. Dieser ist in der Regel sehr klein ($< 10^{-6}$). Angenommen, eine Probe wird in einer Richtung, entlang derer der Entmagnetisierungsfaktor N_d sei, bis zur Sättigungsmagnetisierung M_s magnetisiert. Die Probe kann ihre magnetostatische Energie $\frac{1}{2}N_d M_s^2$ senken, indem sie sich um $\left(\frac{\Delta l}{l}\right)_f$ in Richtung von M_s verlängert, da längere Proben kleinere Werte von N_d besitzen. Die Größe der Verlängerung hängt von den elastischen Konstanten des Materials ab. Die durch den Formeffekt hervorgerufene Dehnung $\left(\frac{\Delta l}{l}\right)_f$ wird der magnetostriktiven Dehnung $\left(\frac{\Delta l}{l}\right)$ überlagert. Beide zusammen bilden die beobachtete Gesamtdehnung [1, 30]. Dies unterstreicht die Wichtigkeit, dass eine Messung stets im entmagnetisierten Zustand begonnen werden muss.

2.4.2 Richtungsabhängigkeit der Magnetostriktion

Es gibt einen Unterschied, in welcher Richtung ein äußeres Feld an eine magnetische Probe angelegt wird. Für Längenänderungen in einem magnetisch isotropen Körper ergibt sich senkrecht und parallel zum angelegten Magnetfeld die transversale und longitudinale Magnetostriktion (vgl. Abbildung 2.6) [24]:

$$\lambda_T = -\frac{\lambda_L}{2} \tag{2.10}$$

Dieser einfache Zusammenhang gilt nur unter Vernachlässigung von sowohl magnetoelastischen Verzerrungen (Formeffekte) als auch Volumenänderungen. Da die Magnetostriktion von der Orientierung der Magnetisierung aber nicht von der Richtung abhängt, ist folgender Zusammenhang zwischen der Magnetostriktion und dem Winkel α gebräuchlich [14, 24, 31] mit λ_s als Sättigungsmagnetostriktion:

$$\lambda = \frac{\Delta l}{l} = \frac{3}{2}\lambda_s \left(\cos^2 \alpha - \frac{1}{3} \right) \tag{2.11}$$

α ist der Winkel zwischen der Richtung, in der $\frac{\Delta l}{l}$ gemessen wird, und der Magnetisierungsrichtung. Gleichung (2.11) gilt allerdings nur unter den obigen Voraussetzungen. Außerdem ist sie nur in magnetisch isotropen Materialien wie amorphen Metallen anwendbar. Bei Polykristallen muss über alle Kristallachsen gemittelt werden, wodurch sich ein anderer Ausdruck ergibt. Oft wird jedoch Gleichung (2.11) für Polykristalle verwendet. Bei einkristallinen Werkstoffen nimmt die Sättigungsmagnetisierung längs bestimmter kristallographischer Richtungen unterschiedliche Werte an [31].
Für die Magnetisierung entlang der harten Achse lässt sich schreiben:

$$\cos\alpha = \frac{M}{M_s}$$

Damit folgt aus Gleichung (2.11):

$$\lambda \propto \left(\frac{M}{M_s} \right)^2$$

Abbildung 2.6 zeigt die Magnetostriktion eines Dysprosium-Polykristalls bei $T = 20$ K. Aufgetragen ist λ über M^2. Beide Größen sind für Magnetisierungsprozesse der schweren Achse proportional zueinander sein. Ein solches Verhalten wurde bereits für polykristalline Proben gefunden [35]. Legt man an eine polykristalline Dy-Probe ein Magnetfeld an, so dehnt sie sich in Richtung des Feldes aus (λ_L), senkrecht dazu zieht sie sich zusammen (λ_T).

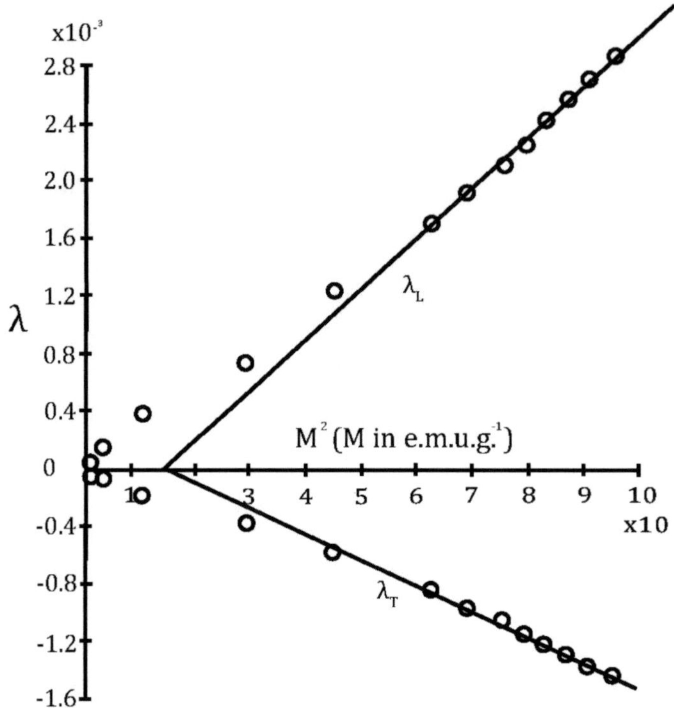

Abbildung 2.6: Magnetostriktion eines Dysprosium-Polykristalls bei T = 20 K [35]. In Feldrichtung dehnt sich ein Dy-Polykristall aus (λ_L), senkrecht dazu zieht er sich zusammen (λ_T).

Die Richtungsabhängigkeit der Magnetostriktion ist besonders groß bei den Seltenen Erden. Diese besitzen häufig hexagonale Gitterstrukturen, für die die Magnetostriktion bis zur Ordnung l = 2 lautet:

$$\frac{\Delta l}{l} = \left[\lambda_1^{\alpha,0} + \lambda_1^{\alpha,2}\left(\alpha_z^2 - \frac{1}{3}\right)\right](\beta_x^2 + \beta_y^2)$$

$$+ \left[\lambda_2^{\alpha,0} + \lambda_2^{\alpha,2}\left(\alpha_z^2 - \frac{1}{3}\right)\right]\beta_y^2$$

$$+ \frac{1}{2}\lambda^{\gamma,2}[(\alpha_x\beta_x - \alpha_y\beta_y)^2 - (\alpha_x\beta_y - \alpha_y\beta_x)^2]$$

$$+ 2\lambda^{\epsilon,2}(\alpha_x\beta_x + \alpha_y\beta_y)\alpha_z\beta_z \tag{2.12}$$

Gleichung (2.12) beinhaltet sowohl Einzel-Ion- als auch Austauschbeiträge. Die Größen α_i, β_i sind Richtungskosinusse der Magnetisierungs- und Messrichtungen (vgl. Abbildung 2.4). Die Indizes α, β, γ beschreiben die Dehnungsrichtung der Magnetostriktion. α-Moden sind symmetrieerhaltende Ausdehungen entlang c-Achse ($\lambda_2^{\alpha,2}$) bzw. in der Basisfläche ($\lambda_1^{\alpha,2}$). Die γ-Mode stellt eine Verformung der hexagonalen Symmetrie in die orthorhombische dar und ϵ repräsentiert eine Scherung der c-Achse (vgl. Abbildung 2.7).

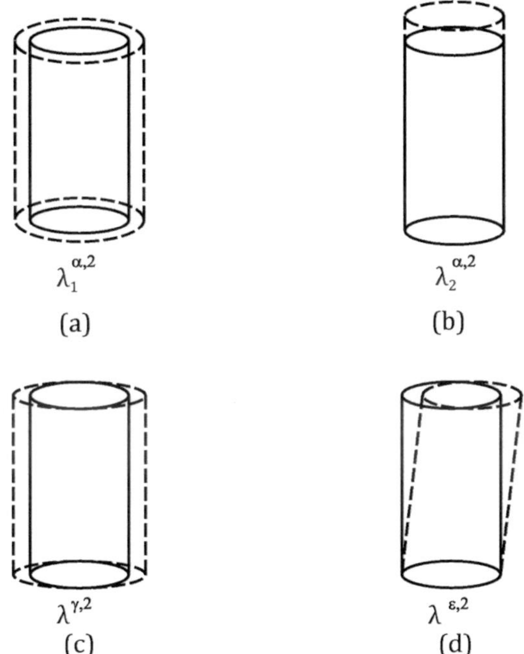

Abbildung 2.7: Magnetostriktionskonfigurationen bis zur Ordnung $l = 2$ in hexagonalen Gittern [27].

Die sechs Magnetostriktionskonstanten λ sind experimentell zu bestimmende Größen, welche von der Magnetisierung abhängen, die ihrerseits temperaturabhängig ist. Da in dieser Arbeit jedoch ausschließlich bei $T = 4.2$ K gemessen wird, können die Werte für $T = 0$ verwendet werden [27]. Tabelle 2.2 stellt einige Werte dar.

$\lambda^{\gamma,2}$	$\lambda^{\gamma,2}_{theo}$	$\lambda^{\gamma,4}$	$\lambda^{\epsilon,2}$	$\lambda^{\alpha,0}_1 - \frac{1}{3}\lambda^{\alpha,2}_1$	$\lambda^{\alpha,0}_2 - \frac{1}{3}\lambda^{\alpha,2}_2$	$\lambda^{\alpha,2}_1$	$\lambda^{\alpha,2}_2$
9.4	8.4	1.5	5.5	-2.0	7.3	-	-

Tabelle 2.2: Magnetostriktionskoeffizienten von Dysprosium [27]: Alle Werte für T = 0 in Einheiten $\frac{\Delta l}{l}$ (10^{-3}).

2.4.3 Magnetoelastische Anisotropie

Eng verwandt zur Kristallanisotropie ist die magnetoelastische Anisotropie. Durch die magnetoelastische Kopplung kann eine äußere mechanische Spannung die Domänenstruktur ändern. Dies hat beträchtliche Auswirkungen auf die magnetischen Eigenschaften. Zwischen dieser magnetoelastischen Anisotropie und der Magnetostriktion λ eines Materials existiert eine enge Verbindung: Ein Material mit $\lambda_s > 0$ wird sich parallel zum äußeren Feld verlängern. Zugspannungen werden somit die Magnetisierung steigern, Druck dagegen wird sie reduzieren. Diese Aussagen gelten sowohl mit als auch ohne äußeres Magnetfeld solange $\mathbf{M} \neq 0$ [30]. Eine äußere mechanische Spannung σ kann bei einer entmagnetisierten Probe zwar die Domänen ausrichten, aber die Gesamtmagnetisierung ist in der Regel $<M>$ = 0. Ist dagegen bereits eine Magnetisierung vorhanden, so kann deren Stärke durch σ geändert werden [1].

Unter einer aufgeprägten mechanischen Spannung σ wird die Magnetisierungsrichtung der Domänen sowohl von der Kristallanisotropie (symbolisiert durch K_1) als auch von σ bestimmt. Ist $K_1 \gg \lambda\sigma$, so hat die äußere Spannung keinen nennenswerten Einfluss auf die Domänenstruktur. Im umgekehrten Fall bestimmt die Spannungsrichtung die Ausrichtung der Domänen. Die Art, wie ein Material auf Spannungen reagiert, hängt nur vom Produkt der Magnetostriktion λ und der aufgeprägten Spannung σ ab [30]. Ein Stoff mit positiver Magnetostriktion verhält sich unter Zugspannungen ähnlich wie ein Stoff mit $\lambda < 0$ unter Druck [1].

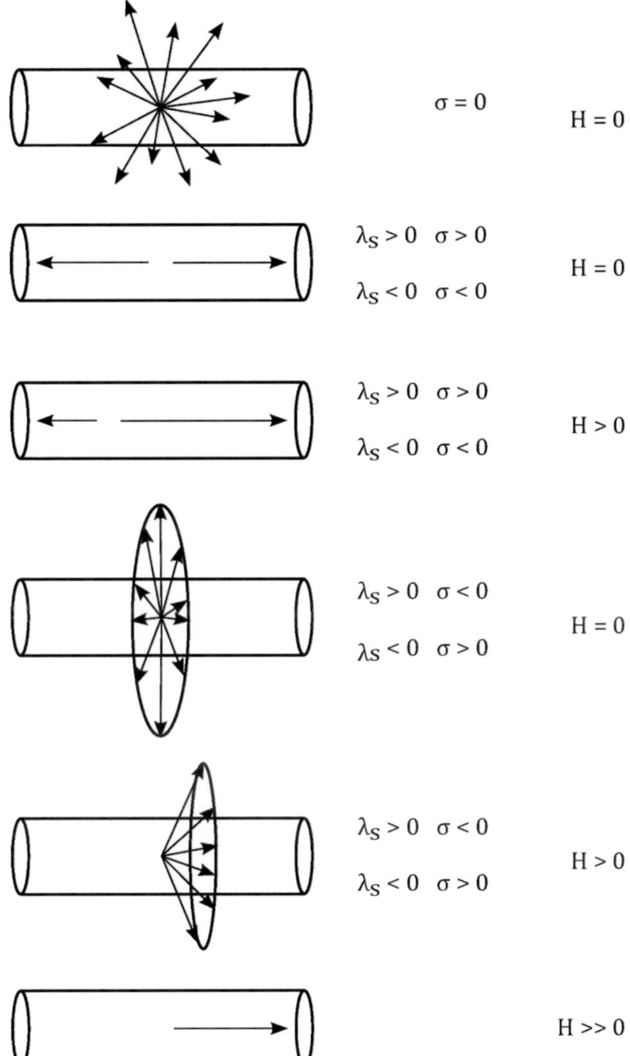

Abbildung 2.8: Verhalten ferromagnetischer Materialien unter Einwirkung von uniaxialen Kräften. Durch die äußere mechanische Spannung σ wird eine Anisotropie induziert [36].

Abbildung 2.8 stellt die verschiedenen Verhaltensweisen zusammen. Beginnend bei einer isotropen Verteilung der magnetischen Momente in Abwesenheit äußerer Magnetfelder oder Kräfte, stellt sich durch die reine Anwendung äußerer mechanischer Spannungen σ eine anisotrope Verteilung ein. Im Idealfall verbleibt die Gesamtmagnetisierung in der Summe jedoch bei Null. Anlegen eines Magnetfeldes wird die magnetischen Momente um 180° in die leichte Magnetisierungsrichtung drehen und sie allmählich um 90° in die Konfiguration der leichten Magnetisierungsebene rotieren. Je nach Konstellation von $\lambda\sigma$ wird sich eine Probe leichter oder schwerer sättigen lassen [36].

2.4.4 ΔE-Effekt

Wird ein entmagnetisierter Ferromagnet einer Zugspannung σ ausgesetzt, so sind zweierlei Arten der Dehnung zu beobachten. Zum einen die rein elastische Dehnung ϵ_{el} aus dem Hookeschen Gesetz:

$$\sigma = E\epsilon_{el} \tag{2.13}$$

Diese tritt bei jedem Material auf. In einem magnetischen Material tritt zusätzlich zu ϵ_{el} eine magnetoelastische Dehnung ϵ_{me} auf. Diese ist unter Anwendung von Zugspannungen stets positiv, unabhängig vom Vorzeichen der Magnetostriktion. Beispielsweise wird sich ein Stab mit positiver Magnetostriktion λ verlängern, da sich unter Zugspannung die magnetischen Momente in Richtung der Zugachsen ausrichten. Bei negativem λ wird sich der Stab ebenfalls in Zugrichtung verlängern, da bei $\lambda < 0$ sich die Momente von der Zugachse wegdrehen und die Magnetisierung in Zugrichtung abnimmt (vgl. Kapitel 2.4.3).

Da ϵ_{me} eine Funktion der angelegten mechanischen Spannung ist, wird bei Erhöhung der Spannung die magneto-elastische Dehnung bis zu einem Sättigungswert ϵ_{ms} ansteigen. Dieser ist erreicht, sobald alle Domänen ausgerichtet sind. Je größer die im Material vorliegende Anisotropie ist, desto größere Spannungen sind zum Erreichen des Sättigungswerts nötig. Eine bereits gesättigte Probe erfährt somit keine magnetoelastische Dehnung, da keine weitere Ausrichtung der Domänen möglich ist [1, 30]. Dies verdeutlicht die Wichtigkeit des Ausgangszustandes bei Messung von Eigenschaften, welche von der Magnetisierung beeinflusst werden [29]. Folglich muss eine Messung stets im entmagnetisierten Zustand gestartet werden.

Wird die Zugspannung wieder zurückgefahren, so durchläuft man nicht mehr dieselbe Kurve wie bei unbeanspruchter Probe. Für $\sigma = 0$ verbleibt eine remanente Dehnung ϵ_{mr}. Setzt man die Probe anschließend Druckspannungen ($\sigma < 0$) aus, so wird sie gestaucht, was sich in einer negativen Dehnung widerspiegelt.

Abbildung 2.9 (a) zeigt den Fall ohne Einsetzen einer plastischen Verformung. Aufgrund der zusätzlichen magneto-elastischen Dehnung ϵ_{me} gelangt man nicht wie durch das Hookesche Gesetz $\sigma = E\epsilon$ beschrieben in den Ausgangszustand zurück. Teil (b) zeigt eine rein plastische Hysterese. Der Wert ϵ_{mp} resultiert nicht aus der magnetoelastischen Dehnung ϵ_{me} sondern aus eintretender plastischer Verformungen bei großen mechanischen Spannungen σ. Die Überlagerung beider zu einer sogenannten magneto-elastisch-plastischen Hystereseschleife zeigt Abbildung 2.9 (c) [37].

Durch den magnetostriktiven Beitrag zur Dehnung ist der Elastizitätsmodul eines Ferromagneten eine Funktion seiner Magnetisierung. Wird eine zunächst entmagnetisierte Probe gesättigt, nimmt der effektive Elastizitätsmodul $E_{eff} \propto \left(\frac{d\epsilon}{d\sigma}\right)^{-1}$ um einen Wert ΔE ab. Diesen Effekt bezeichnet man als ΔE-Effekt [1, 30]. Bisher wurde der Fall einer Magnetisierung parallel zur angelegten mechanischen Dehnung ($M \parallel \epsilon$) betrachtet. Allgemein hängt der ΔE-Effekt vom Winkel zwischen M und ϵ ab. Je größer die magnetomechanische Kopplung ist, desto größer ist der ΔE-Effekt [38]. Da der ΔE-Effekt stark mit dem Magnetisierungsprozess verbunden ist, ändert er sich mit dem Magnetfeld. Er ist bei geringen Spannungen am größten [36]. Eine mechanische Spannung ändert die Domänenkonfiguration eines magnetostriktiven Materials, die sich wiederum auf die Längenänderung der Probe auswirkt. Der ΔE-Effekt ist ein Effekt zweiter Ordnung.

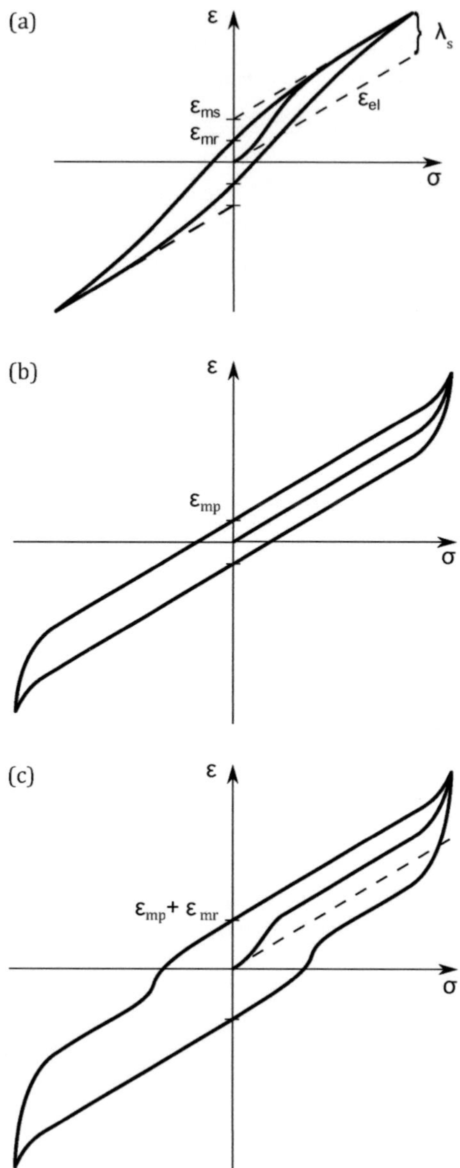

Abbildung 2.9: Dehnung ϵ über äußerer Spannung σ. Dabei ist ϵ_{ms} der Sättigungswert und ϵ_{mr} die remanente Dehnung aufgrund der Magnetostriktion. (a) elastische Hysterese mit Magnetostriktion, (b) plastische und (c) magneto-elastisch-plastische Hystereseschleife mit Berücksichtigung der Magnetostriktion

2.4.5 Morphic Effekt

Der ΔE-Effekt beschreibt eine scheinbare Änderung des Elastizitätsmoduls. Unter dem Begriff „Morphic Effekt" versteht man einen magnetischen Beitrag zu den elastischen Konstanten oberhalb der magnetischen Sättigung. Das Hookesche Gesetz besitzt allgemein tensorielle Form gemäß:

$$\sigma_{ij} = \sum_{kl} c_{ijkl}\epsilon_{kl} \tag{2.14}$$

Aus Symmetriegründen existieren für hexagonale Kristalle sechs unabhängige Komponenten des Elastizitätstensors c_{ijkl}. Unter Verwendung der Voigtschen Notation ($xx \rightarrow 1, yy \rightarrow 2, zz \rightarrow 3, yz \rightarrow 4, zx \rightarrow 5, xy \rightarrow 6$) folgt [39, 40]:

$$\begin{pmatrix} c_{11} & c_{12} & c_{13} & 0 & 0 & 0 \\ c_{12} & c_{11} & c_{13} & 0 & 0 & 0 \\ c_{13} & c_{13} & c_{33} & 0 & 0 & 0 \\ 0 & 0 & 0 & c_{44} & 0 & 0 \\ 0 & 0 & 0 & 0 & c_{44} & 0 \\ 0 & 0 & 0 & 0 & 0 & c_{66} \end{pmatrix} \tag{2.15}$$

Tabelle 2.3 zeigt die elastischen Komponenten für Dysprosium bei $T = 4.2$ K [41].

c_{11}	c_{12}	c_{13}	c_{33}	c_{44}	c_{66}
77.5	25.0	19.6	85.2	27.0	26.4

Tabelle 2.3: Elastizitätskoeffizienten Dysprosium [41]: Werte bei $T = 4.2$ K in GPa.

Bei stark magnetostriktiven Materialien beobachtet man große Änderungen im Elastizitätsmodul mit dem Magnetfeld. Diese Änderungen weit oberhalb der Sättigungsmagnetisierung sind nicht mit dem konventionellen ΔE-Effekt durch „domain wall motion" erklärbar. Durch ein intrinsisches Aufweichen („softening") des Kristallgitters aufgrund lokaler atomarer magnetoelastischer Wechselwirkungen lässt sich das Verhalten jedoch beschreiben. Für die Aufweichung des Schubmoduls c_{44} durch Beiträge der magnetoelastischen Kopplung zweiter Ordnung b_2 erhält man z.B. für kubische Kristalle mit $K_1 = -K^{\alpha,4} - \frac{1}{11}K^{\alpha,6}$ als Anisotropiekonstanten (vgl. Gleichung

(2.8)):

$$c_{44}^{eff} = c_{44} - \frac{b_2^2}{2K_1 - MH} \tag{2.16}$$

Die Aufweichung des Schubmoduls ist umso größer, je größer das Verhältnis $\frac{b_2^2}{K_1}$, d.h. für große magnetoelastische Kopplung und/oder kleine Anisotropie. Bei festen b_2, K_1 ändern sich die elastischen Konstanten mit $M(H)$. Insbesondere ändert sich das Modul bei Drehung des zu Beginn parallel zur Schubpolarisation liegenden Feldes in den senkrechten Fall. Durch Rotation von H kann die elastische Anisotropie unterdrückt oder sogar umgedreht werden [42]. Dieser „Morphic"-Effekt ist ein magnetoelastischer Effekt zweiter Ordnung [43].

2.5 Magnetowiderstand

Unter dem Begriff Magnetowiderstand versteht man Änderungen des elektrischen Widerstands R bei Änderung von Richtung oder Betrag eines außen angelegten Magnetfeldes H [25]. Der Magnetowiderstand ist definiert als:

$$\frac{\Delta\rho}{\rho} = \frac{R(H) - R(0)}{R(0)}$$

Bei kleinen Magnetfeldern gilt für unmagnetische Metalle die Kohler-Regel $\frac{\Delta\rho}{\rho} \propto H^2$. Für die meisten Materialien ist der Wert von $\frac{\Delta\rho}{\rho}$ sogar bei sehr hohen Feldern extrem klein. Dagegen nimmt er bei stark magnetischen Substanzen relativ große Werte im Bereich einiger Prozent an [30]. Das Vorzeichen des Magnetowiderstands ist abhängig von der Streuung der Minoritäts- und Majoritätsladungsträger.

Der anisotrope Magnetowiderstand (AMR) besitzt eine starke Ähnlichkeit zur Magnetostriktion. Der physikalische Ursprung beider Effekte liegt in der Spin-Bahn-Kopplung: Bei Eindrehen der Magnetisierungsvektoren verschiebt sich die Elektronenwolke eines jeden Atoms relativ zum Kern leicht. Diese Deformation ändert sowohl die Probenlänge wie auch die Streuung, welche Elektronen auf ihrem Weg durch den Kristall erfahren, was wiederum eine Änderung des Widerstands zur Folge hat [30].

2.6 Magnetismus Seltener Erden

In der festen Phase können in den Seltenerd-Metallen alle drei gängigen Metallkonfigurationen (bcc, fcc, hcp) beobachtet werden. Zusätzlich dazu existiert eine doppelt-hexagonale Gitterstruktur. Letztere ist zusammen mit der gewöhnlichen hexagonalen Gitterstruktur bei einem Großteil der Seltenen Erden bei Raumtemperatur zu beobachten. Ebenso umfangreich sind die magnetischen Konfigurationen: Viele Seltenerd-Metalle weisen eine Form von geordneter Spinstruktur im Temperaturbereich zwischen 4.2 K und 300 K auf. Die 4f-Elektronen der Seltenerd-Metalle bilden ein schmales Energieband, welches einige eV unterhalb des Leitungsbandes liegt. Der Überlapp zwischen 4f-Orbitalen benachbarter Ionen ist vernachlässigbar. Die langreichweitige magnetische Ordnung kommt durch RKKY-Wechselwirkung (Rudermann, Kittel, Kasuya, Yoshida) zustande [44]. Dabei polarisiert ein lokalisiertes magnetisches Moment die Spins der Leitungselektronen und diese koppeln wiederum mit benachbarten lokalisierten magnetischen Momenten. Die RKKY-Wechselwirkung besitzt eine langreichweitige, oszillatorische Abhängigkeit. Dadurch kann sie für eine Reihe periodischer Spinstrukturen verantwortlich sein [26].

Die hexagonalen Seltenen Erden besitzen die größte bekannte Kristallanisotropie bei tiefen Temperaturen [42]. Dies rührt zum einen von der großen Spin-Bahn-Kopplung aufgrund der hohen Ordnungszahl, zum anderen von der Wechselwirkung zwischen der räumlich anisotropen 4f-Ladungswolke mit dem niedersymmetrischen Kristallfeld der hexagonalen Struktur. Ebenso besitzen die Seltenen Erden (Ausnahme: Gd) große Einzel-Ion-Beiträge zur Magnetostriktion von der Größenordnung $\frac{\Delta l}{l} = 10^{-2}$ [27].

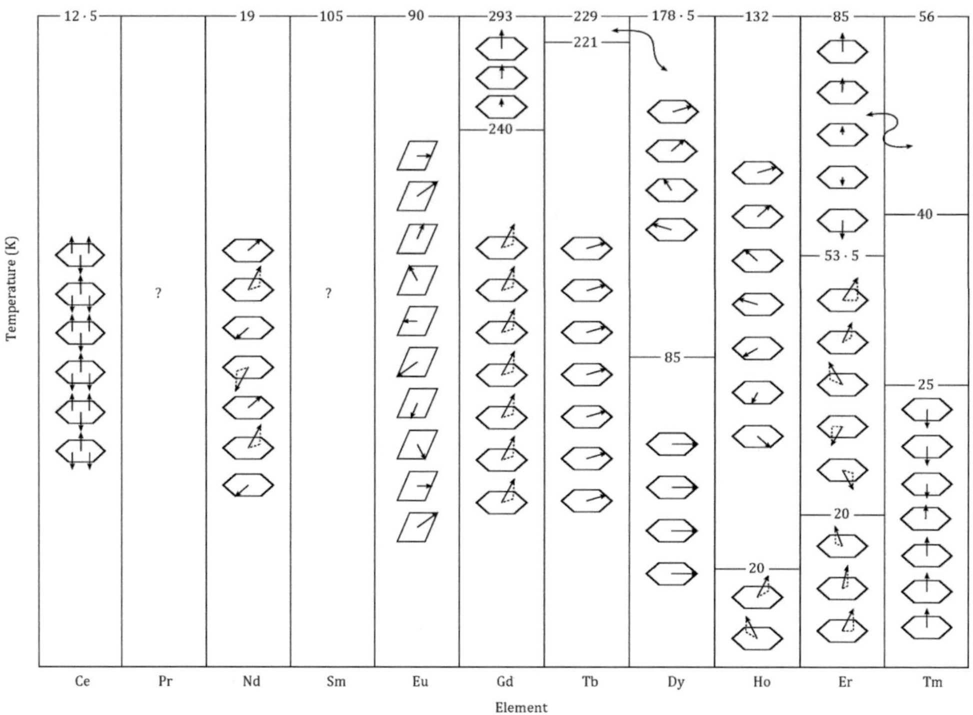

Abbildung 2.10: Anordnungen der magnetischen Momente Seltener Erden [44]

2.7 Materialeigenschaften von Dysprosium

Dysprosium ist ein silbergrau glänzendes Schwermetall, welches zu der Gruppe der Lanthanoiden oder Seltenen Erden gehört. Das unedle Metall besitzt eine große Reaktionsfreudigkeit, weshalb es sich an Luft rasch mit einer Oxidschicht überzieht. Dy ist leicht bieg- und dehnbar sowie weich und lässt sich somit einfach mittels eines Skalpells bearbeiten.
Wie bei den meisten Seltenen Erden hat das Dy-Metall drei Valenzelektronen und die Konfiguration [Xe] $4f^9$ $(5d6s)^3$. Dies ist der Grundzustand in allen Bandstrukturrechnungen. Es wird vermutet, dass die 4f-Elektronen nicht an der Bindung teilnehmen. Das Valenzband am Fermi-Niveau ist somit ein gemischter s-d Zustand und nur teilweise besetzt. Wie alle Selten-Erd-Metalle werden die 4f-Zustände als vollständig lokalisiert betrachtet und tragen den Hauptteil der magnetischen Eigenschaften. Die Valenzelektronen setzen sich aus 6s- sowie 5d-Zuständen zusammen. Die für die elektrischen Eigenschaften verantwortlichen Leitungselektronen tragen nur einen kleinen Teil zu den magnetischen Eigenschaften bei. Dennoch spielen sie als Vermittler magnetischer Wechselwirkungen eine wichtige Rolle im Magnetismus [45]. Die magnetische Ordnung geschieht über RKKY-Wechselwirkung (vgl. Kapitel 2.6). Tabelle 2.4 gibt einen Überblick über die wichtigsten Eigenschaften von Dysprosium.
Dysprosium zeigt insgesamt drei verschiedene magnetische Phasen. Unterhalb der Néel-Temperatur T_N = 179 K wird aus dem bei Raumtemperatur paramagnetischen Zustand eine helikal-antiferromagnetische Anordnung, d.h. die magnetischen Momente benachbarter Ebenen zeigen in eine um den Winkel θ verschobene Richtung (vgl. Abbildung 2.10). Unterhalb der Curie-Temperatur T_C = 85 K tritt ferromagnetische Ornung ein. Im hexagonalen Gitter ist die a-Achse die magnetisch leichte, die c-Achse die schwere Achse der Magnetisierung [44, 46, 47].
Dysprosium besitzt bei tiefen Temperaturen den größten bekannten Wert der Magnetostriktion λ_s aller Elemente und hat sogar bis weit über T_N hinaus eine bemerkenswerte Magnetostriktion [16]. Dieser Wert liegt im Bereich von etwa 10^{-3}. Damit ist er um einen Faktor 100 - 1000 größer als bei den bekannten Ferromagneten Fe, Co sowie Ni, bei denen die Magnetostriktion nur $\sim 10^{-5} - 10^{-6}$ beträgt [4].

Dysprosium	Symbol: Dy Ordnungszahl: 66
Elektronenkonfiguration im Metall	$[\text{Xe}]\,4f^9\,(5d6s)^3$
Relative Atommasse	$162.5\,\frac{\text{g}}{\text{mol}}$
Dichte	$8.55\,\frac{\text{g}}{\text{cm}^3}$
Gitterstruktur	hexagonal $a = 3.59\,\text{Å},\, b = 6.22\,\text{Å},\, c = 5.65\,\text{Å}$
Spezifische Elektrische Leitfähigkeit	$1.08 \cdot 10^6\,\frac{1}{\Omega\text{m}}$
Néel-Temperatur	$T_N = 179\,\text{K}$
Curie-Temperatur	$T_c = 87\,\text{K}$
Austrittsarbeit	$\Phi = 3.2\,\text{eV}$
Elastizitätsmodul	$E = 64.4\,\text{GPa}$
Schubmodul	$G = 25.9\,\text{GPa}$
Poissonzahl	$\nu = 0.243$
Kompressibilität	$\kappa = 25.52 \cdot 10^6\,\frac{\text{cm}^2}{\text{kg}}$
Sättigungsmagnetisierung bei $T = 4.2\,\text{K}$	$M_s = 3 \cdot 10^6\,\frac{\text{A}}{\text{m}}$ $M_s = 10.2\,\frac{\mu_B}{\text{Atom}}$
Sättigungsmagnetostriktion bei $T = 20\,\text{K}$	$\lambda_{s,Poly} = 3.4 \cdot 10^{-3}$ $\lambda_{s,a} = 4.5 \cdot 10^{-3}$ $\lambda_{s,c} = 0.3 \cdot 10^{-3}$

Tabelle 2.4: Übersicht über die wichtigsten Eigenschaften von Dysprosium

Abbildung 2.11 zeigt die Magnetostriktion $\lambda(H)$ eines Dy-Einkristalls, in Abbildung 2.6 ist $\lambda(M^2)$ des Polykristalls dargestellt.

Im Falle des Polykristalls steigt λ in Feldrichtung an ($\lambda_L = \lambda_\parallel$), senkrecht dazu zieht sich das Material zusammen ($\lambda_T = \lambda_\perp$). Ähnlich das Verhalten des Einkristalls: Ist das Magnetfeld, wie in Abbildung 2.11, in Richtung der a-Achse angelegt, so ist in diese Richtung eine positive Magnetostriktion zu beobachten. Senkrecht dazu zieht sich das Material zusammen. Die unterschiedlichen Absolutwerte der Magnetostriktion zwischen den verschiedenen Achsen (b- bzw. c-Achse) in Abbildung 2.11 lassen sich auf die bereits erwähnten Richtungen leichter und schwerer Magnetisierung zurückführen.

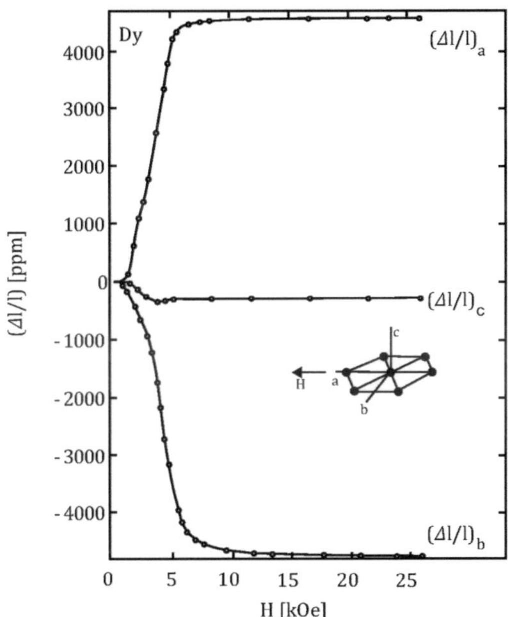

Abbildung 2.11: Magnetostriktion eines Dysprosium-Einkristalls bei $T = 20.3$ K [48]. H entlang der a-Achse, $\left(\frac{\Delta l}{l}\right)_{a,b,c}$ ist $\frac{\Delta l}{l}$ entlang der a-, b-, c-Achse.

3 Experimentelles

3.1 Mechanisch kontrollierte Bruchkontakte

3.1.1 Prinzip

Ein mechanisch kontrollierter Bruchkontakt (englisch: mechanically controlled break junction, MCBJ) lässt sich in konventioneller Art mit Hilfe eines 3-Punkt-Biegemechanismus realisieren. Eine solche Anordnung ist in Abbildung 3.1 schematisch dargestellt [6]. Die Probe wird mit Kleber im Abstand u auf ein flexibles Substrat geklebt. Die Anordnung wird über zwei Gegenlager mit Abstand L fixiert. Ein Stempel lässt sich mit Hilfe eines mechanischen Antriebes (mit einem Motor oder piezoelektrischen Aktuator) nach oben bewegen. Die Probe ist so positioniert, dass der Auflagepunkt des Stempels exakt die Mitte des Substrates unterhalb der eingekerbten Sollbruchstelle trifft. Wird der Stempel langsam und gleichmäßig nach oben gefahren, so biegt sich das Substrat samt Probe durch. Während dieses Vorganges wird der Widerstand der Probe gemessen, der mit zunehmender Dehnung der Probe zunimmt. Kommt dieser in einen Bereich kurz vor dem Bruch der Probe, so stoppt man die Bewegung des Stempels und verfährt das restliche kleine Stück bis zum vollständigen Brechen der Probe mit einem Stapelpiezo, der eine feinere Einstellung der Biegung ermöglicht. Dabei verläuft die Längenänderung linear mit der angelegten Spannung V_{Piezo}. Durch Zurückfahren des Piezos können die beiden Teile der Probe wieder in Kontakt gebracht werden [6]. Bei dieser Annäherung ist ein Tunneln der Elektronen zwischen den beiden Teilen möglich.

3.1.2 Dehnungsverhältnis

Aus dem Vorschub des Stempels in z-Richtung resultiert eine Dehnung des Drahtes $\Delta u = r \Delta z$ in der horizontalen u-Richtung. Für den Idealfall einer homogenen Kraft des Stempels lässt sich das Dehnungsverhältnis r ausdrü-

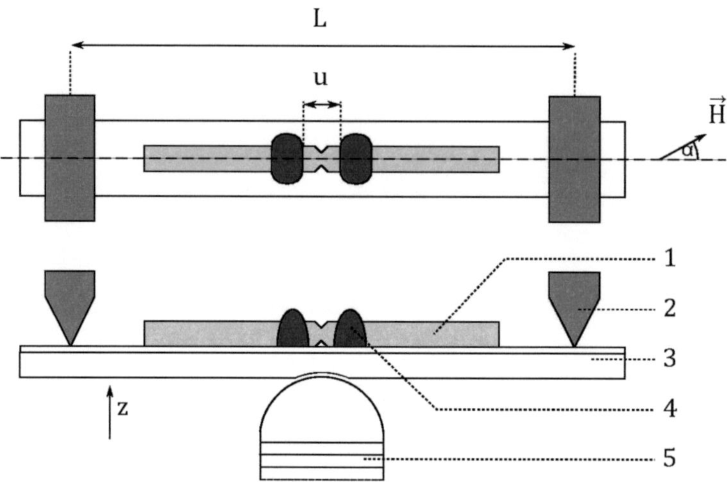

Abbildung 3.1: Schematische Darstellung (Auf- und Seitenansicht) einer in einem 3-Punkt-Biegemechanismus eingebauten Probe. Gezeigt sind eingekerbter Draht (1), Gegenlager (2), Substrat mit Durimideschicht (3), Epoxy-Kleber (4) sowie Stempel mit Stapelpiezo (5) [6].

cken als [6, 49]:

$$r = \frac{\partial u}{\partial z} = \frac{3ut}{L^2} \tag{3.1}$$

Darin ist t die Dicke von Substrat und Durimideschicht zusammen, L der Abstand der beiden Gegenlager und u der Abstand der Epoxy-Tropfen. Für ein typisches Bruchkontaktexperiment erhält man $r \approx 10^{-3}$. Die Stabilität des Kontaktes wird durch ein kleines Dehnungsverhältnis begünstigt, da externe Vibrationen dadurch reduziert werden.

Durch die bereits erwähnte plastische Dehnung des Substrates wird r reduziert und verliert an Vorhersagbarkeit. Zudem lässt sich r nur schwer exakt aus der Geometrie des MCBJ bestimmen. Experimentell kann man r aus der exponentiellen Abhängigkeit des Leitwerts G vom Abstand x der Elektroden im Tunnelregime bestimmen. Mit m^* als effektiver Elektronenmasse und Φ als Austrittsarbeit des Metalls erhält man:

$$G \propto \exp\left(-\frac{2\sqrt{2m^*\Phi}}{\hbar}x\right) = \exp\left(-\frac{x}{\xi_{theo}}\right) \tag{3.2}$$

Darin ist [6]:

$$\xi_{theo} = \frac{\hbar}{2\sqrt{2m^*\Phi}} \tag{3.3}$$

Die Austrittsarbeit von Dysprosium beträgt Φ = 3.2 eV [50] für das reine Metall sowie saubere Oberflächen. In den in dieser Arbeit durchgeführten Experimenten steht die Probe in flüssigem Helium. Dadurch steigt Φ um $\Delta\Phi_A$ = 1.9 eV an [51]. Die resultierende Austrittsarbeit der Dy-Probe im flüssigen Helium beträgt somit Φ_{He} = 5.1 eV. Damit sowie mit der Elektronenmasse $m^* = m_0$ (m_0: Masse des freien Elektrons) errechnet sich der Wert von ξ_{theo} = 0.433 Å.

3.2 Probenpräparation

Für Bruchkontaktexperimente eignet sich ein flexibles Substrat, das für Messungen im Magnetfeld unmagnetisch sein sollte. Daher verwendet man Phosphor-Bronze, welche aus Gründen einer glatten Oberfläche sowie elektrischer Isolation mit einer etwa 300 μm dicken Polymer-Schicht (Durimide 115 A) belackt wird. Die als Scheiben vorliegende Phosphor-Bronze wird auf Rechtecke der Größe 5.5 mm × 10.5 mm zurechtgeschnitten.
Das Probenmaterial Dysprosium (Firma Alfa Aesar, Reinheit 99.9 %) muss zunächst mit einer Diamantsäge zu 8 mm langen Drähten vom Querschnitt 0.3 mm × 0.3 mm gesägt werden. Mit einem Skalpell ritzt man den Draht in dessen Mitte von drei Seiten ein und fixiert ihn mit GE-Varnish (IMI 7031 Varnish) auf dem Substrat. Diese Sollbruchstelle soll sicherstellen, dass die Probe exakt an dieser Stelle bricht. Nach zwei Stunden ist der Klebstoff getrocknet und man kann den Draht kontaktieren. Vor Anbringen der Zuleitungen mit leitfähigem Epoxid-Klebstoff (Polytec H20E) muss das Drahtstück durch Abkratzen der Oberfläche zunächst von der Oxidschicht befreit werden. Die zwei 0.7 μm dicken Cu-Kontaktdrähte auf jeder Seite der Sollbruchstelle erlauben eine Vier-Punktmessung. Der leitfähige Kleber wird im Konvektionsofen ausgehärtet. Nun kratzt man rings um den Draht die Durimideschicht ab, um die Haftung des zur abschließenden Fixierung verwendeten Zwei-Komponenten-Epoxy-Klebstoffs (Stycast 2850 FT) sicher zu stellen. Nach Vermischen der zwei Komponenten des Stycast sollte man diesen vor Aufbringen einige Zeit antrocknen lassen (je nach Raumtemperatur und Luftfeuchtigkeit). Dadurch wird er zähflüssiger und lässt sich von beiden Seiten sehr nahe an die Sollbruchstelle heranführen, ohne in diese

hineinzufließen. Typischer Abstand der beiden Tropfen ist $u \approx 2$ mm und L ≈ 8 mm. Damit ergeben sich Übersetzungsverhältnisse r von $r \approx 0.03$. Eine auf diese Weise hergestellte Probe ist in Abbildung 3.3 (c) abgebildet.

3.3 Experimenteller Aufbau

Abbildung 3.2 zeigt den verwendeten Messaufbau [52, 53, 54]. Zu sehen sind (von links) der Kryostat, die Messinstrumente sowie der Arbeitsplatz. Das Gestell mit den Messinstrumenten beinhaltet im untersten Fach die Ansteuerung für den Magneten samt Relais, darüber befinden sich Stromquelle sowie Nanovoltmeter gefolgt vom Messrechner (schwarz). Darüber befindet sich ein Temperaturcontroller und ganz oben die Piezoansteuerung. Sämtliche Messungen werden bei einer Temperatur von 4.2 K in einem ^{4}He-Badkryostaten durchgeführt, in welchem sich ein Helmholtz-Paar supraleitender Spulen befindet [54]. Dieses liefert bei einer Stromstärke von $I = 30$ A ein Magnetfeld der Stärke $\mu_0 H = 1.44$ T. Der Probenstab wird so im Kryostaten positioniert, dass sich die Probe im Zentralfeld der Spule befindet. Die Probe steht dabei im flüssigen Helium. Durch eine geeignete Vorrichtung an der Durchführung des Probenstabes in den Kryostaten lässt sich die Probe relativ zur konstanten Magnetfeldrichtung in der horizontalen Ebene drehen, so dass Messungen im gesamten Winkelbereich möglich sind. Der Kontakt lässt sich mittels des im Probenstabes eingebauten 3-Punkt-Biegemechanismus ändern. Dazu dient ein Motor mit einer Winkelauflösung von 6° (Firma Faulhaber-Motoren, Typ 2233T012S mit Encoder 20B22), welcher in einem Getriebe mit einer Übersetzung von 308:1 steckt und den Stempel (Hub $z_S = 5 \cdot 10^{-4}$ m pro Stempelumdrehung) bewegt. Der Motor dient ausschließlich der Vorjustage des Kontaktes, da er viel zu grobe Schritte liefert. Um dies zu verdeutlichen, reicht eine simple geometrische Abschätzung. Dazu wird angenommen, dass sich das Substrat zwischen den beiden Gegenlagern bei Dehnung gleichmäßig verformt und für den Draht damit eine halbkreisförmige Bewegung angenommen werden kann [52]). Damit ergibt sich ein äußerst kleiner Stempelvorschub von z_{MP} $= 2.7 \cdot 10^{-8}$ m je Motorumdrehung, was einer horizontalen Änderung des Elektrodenabstandes von nur 2.32 pm entspricht. Gegen Ende der Arbeit wurde ein Getriebe mit zehnfach größerer Übersetzung (3088:1 statt zuvor 308:1) verwendet. Zudem wurde am unteren Ende des Stempels ein Stapelpiezo (Firma: Physik Instrumente - Modell:

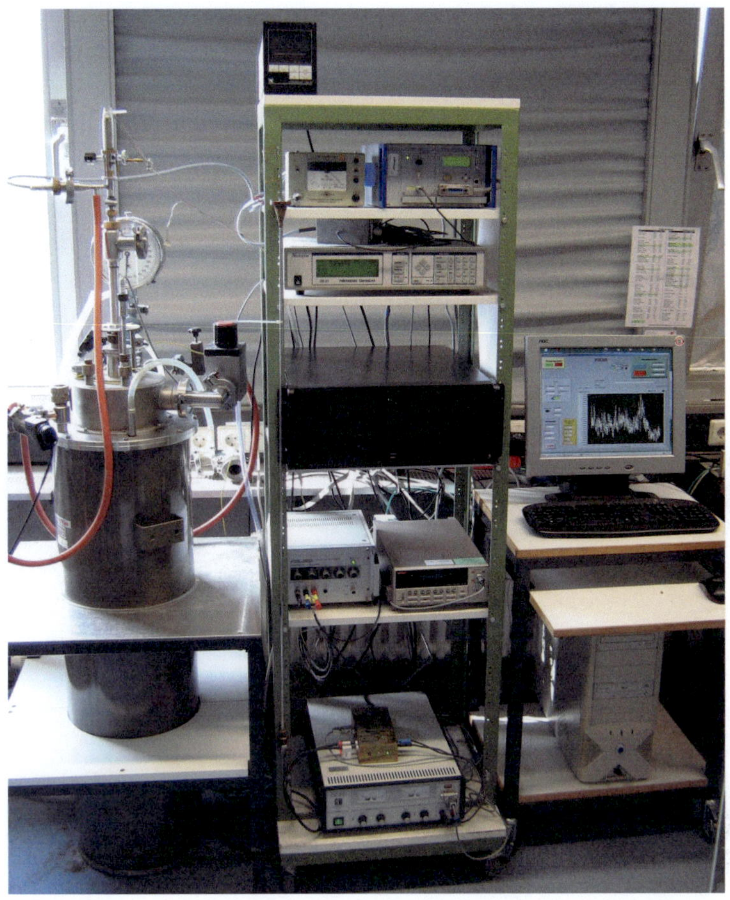

Abbildung 3.2: Messplatz mit Kryostat (links), Messinstrumente (Mitte) und Arbeitsplatz (rechts)

P-882.31 - maximaler Stellweg 11 μm bei V_{Piezo} = 100 V) zwischen Stempel und Probe geschaltet, um eine feinere mechanische Auflösung zu erreichen. Zur Ansteuerung des Piezos dient ein Digital Operation Modul (E 508.00) der Firma Physik Instrumente. Auf der Spitze des Stapelpiezos ist eine ZrO_2-Kugel befestigt, die sowohl Reibung minimieren als auch garantieren soll, dass es nur einen Kontaktpunkt gibt. Ferner wurde zwischen Piezosteuerung und Stapelpiezo ein Spannungsteiler mit Faktor zehn eingebaut, um die Auflösung zu vergrößern.

Der Piezo lässt sich über Spannungen in einem Bereich von 10 - 100 V über eine im Messrechner befindliche 16-bit-Digital-Analog-Wandler-Karte (Firma National Instruments, Bezeichnung: NI PCI 6221) steuern. Der Piezo-Stellweg nimmt bei Heliumtemperatur um einen Faktor zehn von 11 μm auf 1.1 μm bei 100 V ab. Der minimale Spannungshub beträgt somit $\frac{100\ V}{65536} \approx 1{,}53$ mV (16 bit = 65536 Schritte) pro Spannungsschritt (Bit). Dies entspricht einem Piezovorschub von $\Delta z \approx 0.168$ Å und einer Dehnung der Elektroden von $\Delta u = r\Delta z \approx 1.7$ pm pro Bit. Die kleinste Schrittweite ist geringer als beim Motor, weshalb sich der Abstand mit dem Piezoaktuator deutlich feiner justieren lässt. Eine Spannungsänderung von $\Delta V_P = 1$ V entspricht $\Delta u \approx$ 1 nm.

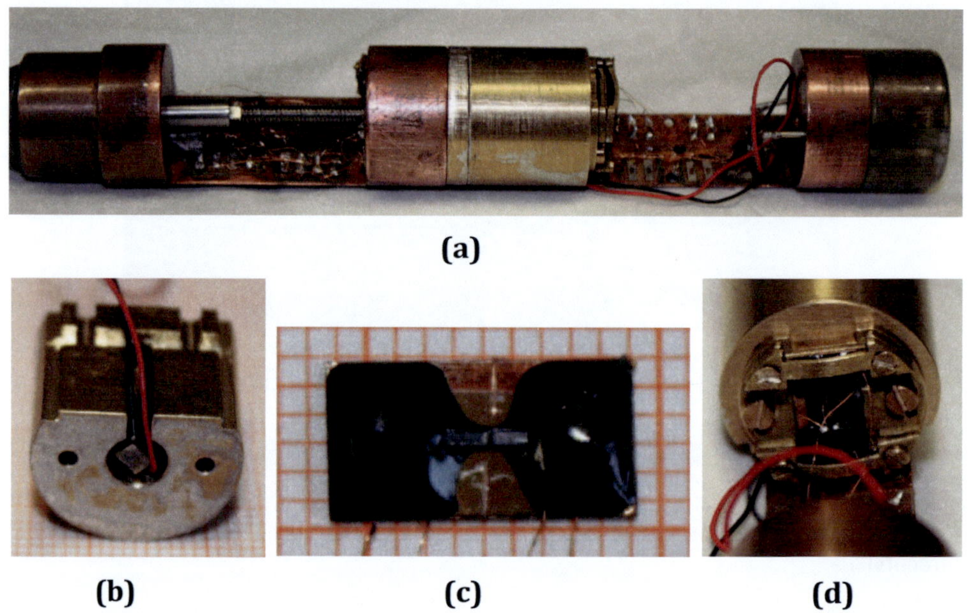

(a)

(b)   (c)   (d)

Abbildung 3.3: Unterer Probenstab mit Probe:
(a): Großaufnahme des unteren Teils vom Probenstab.
(b): Piezo-Halterung samt Stapelpiezo.
(c): Abbildung einer mit Stycast fixierten Probe.
(d): Ansicht von unten auf die fertig am Probenstab montierte Probe.

Zur Messung des Leitwerts der Probe wird ein konstanter Gleichstrom I vorgegeben (typisch $1 \cdot 10^{-6}$ A). Ein Keithley 2182A Nanovoltmeter (Datenaufnahme in einigen ms) liest die am Kontakt anfallende Spannung U aus, welche am Messrechner als Widerstand $R = \frac{U}{I}$ sowie Leitwert $G = \frac{1}{R}$ gespeichert wird. Parallel zum Kontakt ist ein Widerstand von 1 MΩ geschaltet, um Spannungsspitzen über dem Kontakt während der Messung zu vermeiden. Die bereits erwähnte supraleitende Spule lässt sich über eine Stromquelle (Elektro-Automatic: Laboratory Power Supply EA-PS 7016-40A) ebenfalls vom Messrechner aus steuern. Durch ein selbstgebautes Relais werden bipolare Messungen möglich. Abhängig von Rampgeschwindigkeit des Feldes (bzw. der Piezo-Spannung) und maximaler Feldstärke (maximaler Piezospannung) beträgt die typische Dauer einer Messung (Öffnen des Kontaktes) 10 - 60 min.

Abbildung 3.3 (a) zeigt den unteren Teil des Probenstabes. Im linken Teil ist der Stempel samt Gewinde zu sehen, welcher durch den Kupferblock in die Piezohalterung hineinragt. Darin ist, wie in Teil (b) der Abbildung zu sehen, der Piezo eingebracht. Durch dessen Halterung wird die Probe am Kupferblock angeschraubt (vgl. Abbildung 3.3 (d)).

3.4 Messprinzip

3.4.1 Messung bei mechanischem Schalten des Kontaktes

Zunächst wird der Probenstab wie in Kapitel 3.3 beschrieben in den Kryostaten eingebaut und auf Helium-Temperatur gebracht. Bevor die eigentliche Messung gestartet werden kann, muss der Stempel angenähert und die Probe nahezu gebrochen werden. Dazu wird der Stempel, über den Motor gesteuert, so lange verfahren, bis sich die Probe kurz vor dem Bruch befindet. Diesen Punkt erreicht man am genauesten durch Beobachtung des Leitwertes der Probe während der Motorbewegung. Sinkt der Leitwert unter einen bestimmten Wert ab (typischerweise $G \approx 50\ G_0$), so stoppt man die Motorbewegung. Die darauf folgende eigentliche Messung wird mit dem Stapelpiezo durchgeführt und besteht aus dem wiederholten Durchfahren eines vorgegebenen Leitwertbereiches (in der Regel 0 - 20 G_0). Dabei muss die Piezogeschwindigkeit sowie die Schrittweite der Datenpunktaufnahme so gewählt werden, dass der Kontakt nicht zu schnell geschaltet wird. Dies verbessert die Chance, reproduzierbare Messkurven zu erhalten.

3.4.2 Messung bei magnetfeldinduziertem Schalten

Wie beim mechanischen Schalten muss der Stempel zunächst mit dem Motor angenähert werden. Anschließend wird ein Magnetfeld angelegt, um den Kontakt durch Ausnutzen der Magnetostriktion bei fester Einstellung des Stempels zu schalten. Langsames Rampen der Feldstärke durch den vorgegebenen Bereich erlaubt, Stufen und Plateaus zu messen. Wird dagegen die Geschwindigkeit zu groß gewählt, so lässt sich zwar der Kontakt schalten, allerdings erfolgen die Übergänge zwischen den Zuständen „geöffnet" und „geschlossen" abrupt.

3.4.3 Winkelabhängige Messungen

Zur Erstellung eines Messprotokolls zur Messung der Winkelabhängigkeit des Schaltens müssen definierte Startbedingungen vorliegen. Je nach Ausgangssituation wird der Kontakt unterschiedlich orientiert (mit α als Winkel zwischen der langen Drahtachse und dem Magnetfeld, vgl. Abbildung 3.1):

- Startwinkel $\alpha = 0°$

  Eine winkelabhängige Messung ausgehend von $0°$ wird mit geöffnetem Kontakt begonnen (vgl. Abbildung 4.7 (a)). Bei Erhöhung des Magnetfeldes erwartet man zunächst ein Schließen aufgrund der positiven Magnetostriktion λ, bei anschließendem Zurückfahren des Feldes ein Öffnen des Kontaktes. Dieses Schalten wird sich im weiteren Verlauf der Messreihe je nach Winkeleinstellung ändern.

- Startwinkel $\alpha = 90°$

  Startet man die Messung bei einer Winkeleinstellung von $90°$, so sollte der Kontakt zunächst geschlossen sein und kurz vor dem Öffnen stehen. Bei Erhöhung des Magnetfeldes wird ein Öffnen (vgl. Abbildung 4.7 (a)), anschließend bei sich reduzierendem Magnetfeld ein Schließen des Kontaktes erwartet. Wiederum hängt das Auftreten eines Schaltvorganges von der Winkeleinstellung ab.

Nach erfolgter Kontaktannäherung (vgl. Kapitel 3.4.1) wird die Messreihe begonnen. Zunächst durchfährt man in der Ausgangseinstellung, z.B. bei $0°$, einen Magnetfeldzyklus. Bei allen hier präsentierten Zyklen ist das Magnetfeld von Null ausgehend auf 0.6 T und anschließend wieder zurück auf Null gefahren worden. Die Geschwindigkeit, mit der das Magnetfeld geändert wurde, lag bei 2.4 $\frac{mT}{s}$. Nach Beendigung einer Rampe wurde die Probe vollständig entmagnetisiert, bevor der Winkel um einen festen Betrag gedreht wurde. Dann erfolgte die nächste Messung. Mit dieser Schrittweite wurde der gesamte Winkelbereich durchfahren. Die Entmagnetisierung der Probe vor jeder Messung ist essentiell, um reproduzierbare Ergebnisse zu erhalten. Um die Probe zu Entmagnetisieren, wird ein magnetisches Wechselfeld am Ort der Probe erzeugt, dessen Amplitude allmählich reduziert wird. Somit wird die Hysteresekurve mit abnehmender Amplitude des Magnetfeldes immer wieder durchfahren, bis schließlich die Gesamtmagnetisierung der Probe Null beträgt.

3.4.4 Magnetisierungsmessung

Zur Messung der Magnetisierung diente ein kommerzielles Vibrating Sample Magnetometer (VSM) der Firma Oxford Instruments [55] in einem ^{4}He-Kryostaten. Die durch ein statisches Magnetfeld (maximale Feldstärke $\pm$ 12 T) magnetisierte Probe wird mit einem mechanischen Antrieb vertikal zwischen zwei Spulen periodisch bewegt. Die von den Spulen induzierte Spannung mit der Frequenz der Probenoszillation ist proportional zum magnetischen Moment des untersuchten Materials [24, 56, 57]. Das Magnetometer muss mit einer Referenzprobe geeicht werden, wobei im vorliegenden Fall reines Palladium verwendet wurde [58].

3.5 Charakterisierung der Dy-Proben

3.5.1 Raster-Elektronenmikroskopie

Ein Bruchkontakt mit idealer Geometrie ist in Abbildung 3.4 (a) dargestellt. Zwei ideal scharfe Spitzen stehen sich direkt gegenüber, der Kontakt ist somit geöffnet. Um den Kontakt wieder zu schließen, nähert man die beiden Seiten einander langsam an, bis sich die Spitzen wieder berühren.
Bei realen Kontakten besteht nach dem Brechen des Kontakts zwischen den Spitzen ein leichter Versatz (vgl. Abbildung 3.4 (b)) [52]. Teil (c) der Abbildung 3.4 zeigt den ebenfalls möglichen Fall, dass an einem Bruchkontakt mehrere Spitzen auftreten.

Zur Untersuchung von bereits gemessenen Proben im Raster-Elektronen-Mikroskop (REM) ist eine speziell angefertigte Vorrichtung nötig, um die Draht-Proben so weit unter mechanische Spannung zu setzen, dass im Mikroskop die Bruchflächen sichtbar werden. Bei Zurückfahren der mechanischen Spannung würde das Substrat samt Probe wieder relaxieren, womit eine REM-Aufnahme nicht mehr möglich wäre.

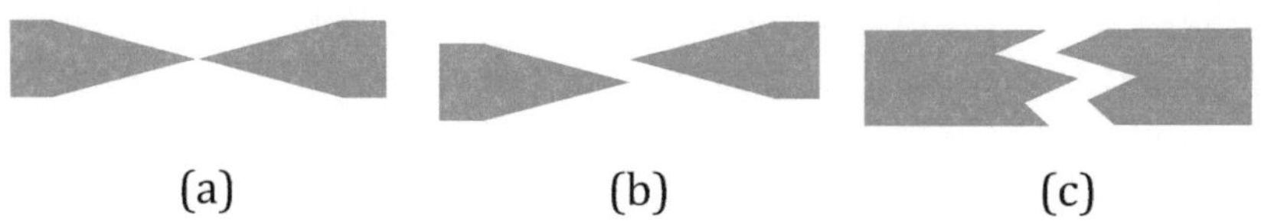

(a)   (b)   (c)

Abbildung 3.4: Verschiedene Spitzen-Konfigurationen:
(a) Zwei ideal scharfe Spitzen.
(b) Die ideal scharfen Spitzen zeigen nicht direkt aufeinander, sondern sind leicht parallel versetzt.
(c) Die Bruchflächen bestehen aus mehreren Spitzen [52].

Abbildung 3.5 zeigt die beschriebene Vorrichtung. Die beiden in die Bildebene verlaufenden Streben (b) dienen als Gegenlager um die Probe auf dem Halter (c) einspannen zu können. Die auf die Probe wirkende mechanische Spannung ist über eine Schraube (d) regelbar. Um störende Einflüsse auf der Probenzuleitungen während der REM-Untersuchung zu vermeiden, werden diese an der parallel zur Bildebene verlaufenden Strebe (a) fest eingespannt.

Auf diese Art wurden mehrere Proben im REM untersucht. Abbildung 3.6 zeigt zwei der betrachteten polykristallinen Proben. In Teil (a) sind die beiden Enden einer geöffneten Probe unter einem Winkel von 25° zu sehen. Die gesamte Probe befindet sich, wie schon in Kapitel 3.2 beschrieben, auf einem Phosphorbronzesubstrat. Man sieht direkt auf das eine Ende der beiden Kontaktflächen (4), das andere (2) ist am linken unteren Bildrand zu sehen. Die Bruchfläche befindet sich am unteren Teil der beiden Drahtenden mittig (3). Die Sollbruchstelle erstreckt sich in einer Hufeisenform um die Bruchfläche (4). Auf dem rechten Drahtende (5) ist der Ansatz des Stycast-Tropfens zu erkennen (6). Das Bild zeigt, dass man über die exakte Bruchflächengeometrie keine Aussage machen kann. Noch deutlicher wird dies in Teil (b) derselben Abbildung. Diese stellt die Vergrößerung der Bruchfläche einer anderen Probe dar. Dabei wechseln sich Bereiche mit Vorsprüngen

(7), Senken (8), Erhebungen (9) und glatten Plateaus (10) ab.
Abbildung 3.7 zeigt die ähnlich strukturierten Bruchflächen der Einkristalle mit a-Achse (a) bzw. c-Achse (b) in Drahtrichtung. Die frühere Vermutung [52], dass über die genaue Kontaktkonfiguration keine Aussage möglich ist, erhärtet sich hiermit. Dennoch zeigen die in den Kapiteln 3.5 und 5 beschriebenen Ergebnisse ein harmonisches Bild.

Abbildung 3.5: Speziell für REM-Aufnahmen gefertigter 3-Punkt-Biegemechanismus mit Gegenlagern (b), Probenhalter (c) und Stempel (d). Teil (a) dient zur Befestigung der Probenzuleitungen.

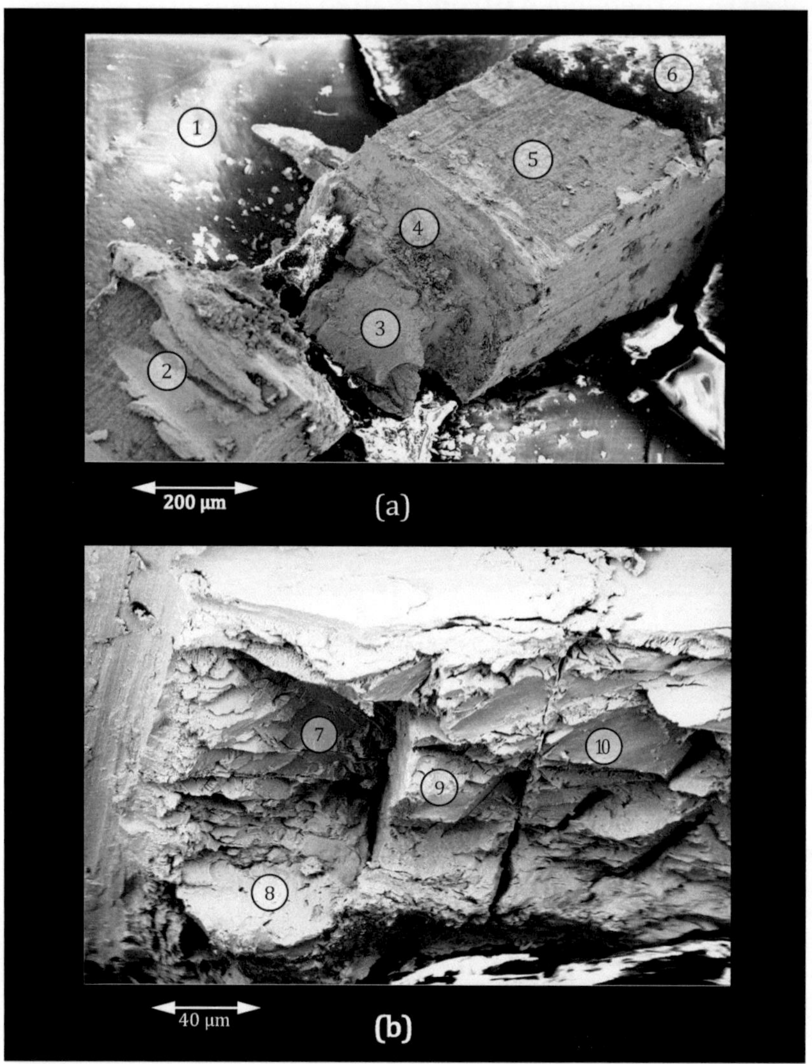

Abbildung 3.6: Dy-Kontaktflächen nach Bruch: Teil (a) zeigt die beiden Enden einer geöffneten Probe (Probe # 27032008). In Teil (b) ist eine Seite einer gebrochenen Probe vergößert dargestellt (Probe # 08122008). Siehe Text zur Erläuterung.

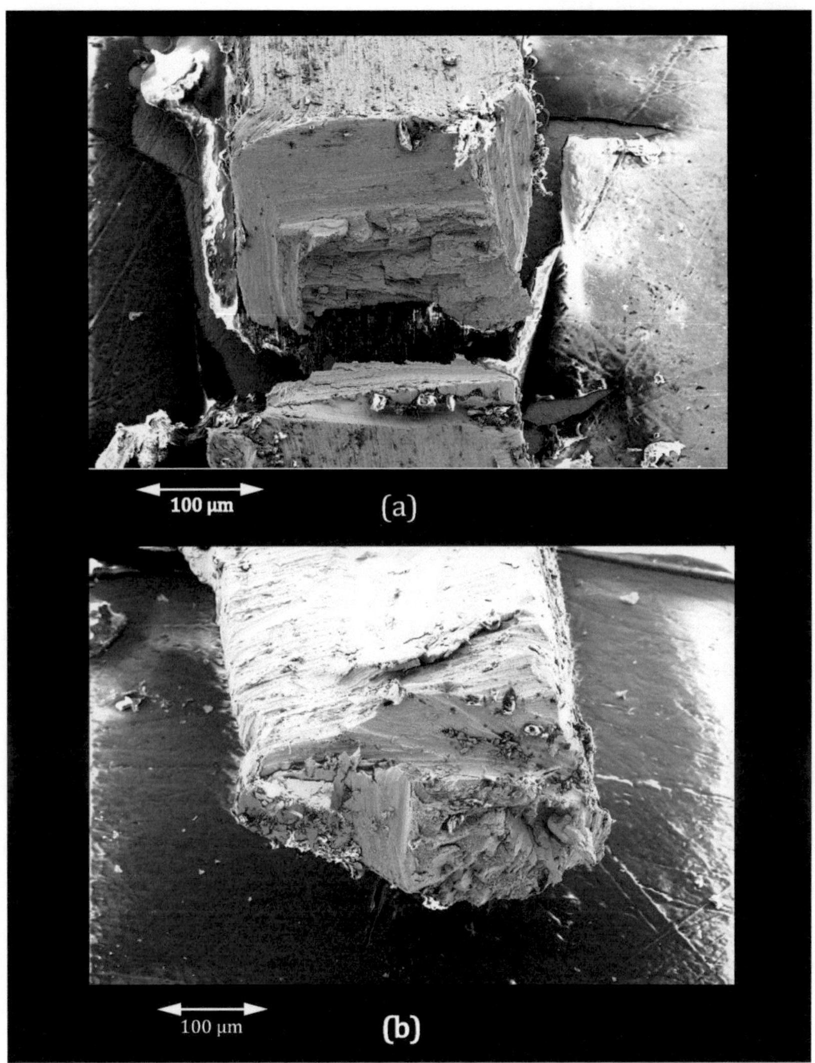

Abbildung 3.7: Kontaktflächen von Dy-Einkristallen nach Bruch:
(a) Beide Enden eines a-Achsen-orientierten Einkristalls (Probe # 01102009)
(b) Bruchfläche einer Probe mit c-Achse in Drahtrichtung (Probe # 03082009)

3.5.2 Magnetisierung

Zur Charakterisierung der magnetischen Eigenschaften der Dy-Proben wurden Magnetisierungsmessungen von Dy-Polykristallen und -Einkristallen mit dem in Kapitel 3.4.4 beschriebenen Vibrationsmagnetometer (VSM) aufgenommen. Einkristalline Drähte wurden mit Drahtrichtung parallel zur c-Achse (schwere Magnetisierungsrichtung) und a-Achse (leichte Richtung) präpariert und im VSM vermessen. Alle VSM-Daten wurden bei einer Temperatur von 4.2 K durchgeführt.

Um den gesamten Feldbereich der bei der Leitwertmessung verwendeten Spule (vgl. Kapitel 3.3) abzudecken, wurden Daten für Magnetfelder von $\mu_0 H = \pm 1.5$ T aufgenommen. Zusätzlich dazu wurden Messungen kleinerer Schrittweite im Bereich ± 0.2 T durchgeführt, um in diesem für die vorliegende Arbeit hauptsächlich verwendeten Bereich genauere Informationen zu erhalten. Die erhaltenen Daten sind in den Abbildungen (3.8) bis (3.10) wiedergegeben.

Die Teile (a) der Abbildungen (3.8) bis (3.10) zeigen Hysteresekurven $M(H)$ für einen Polykristall sowie für einen Einkristall mit a-Achse bzw. c-Achse in Drahtrichtung. Die durchgezogene Linie repräsentiert jeweils die Messung für ein Magnetfeld parallel zur langen Drahtachse, bei der gestrichelten Kurve lag das Magnetfeld senkrecht zur Drahtachse. Im Inset ist jeweils der gesamte gemessene Bereich von $\mu_0 H = \pm 1.5$ T dargestellt. Wie in Kapitel 2.7 bereits erwähnt, ist bei Dysprosium die a-Achse die Richtung leichter Magnetisierung. Daher erreicht das Material (Inset Abbildung 3.9 a) bei $H = \pm$ 1.5 T nahezu die Sättigungsmagnetisierung von $M_s = 3 \cdot 10^6 \frac{A}{m}$ [47]. Aufgrund der großen magnetokristallinen Anisotropie und der Oberflächenanisotropie erwartet man in Polykristallen oder in Richtungen, welche senkrecht zur a-Achse stehen, eine Sättigung der Magnetisierung erst bei sehr viel höheren Feldern. Diese wird daher in Abbildung 3.8 (a) und Abbildung 3.10 a (Inset) bei 1.5 T nicht erreicht.

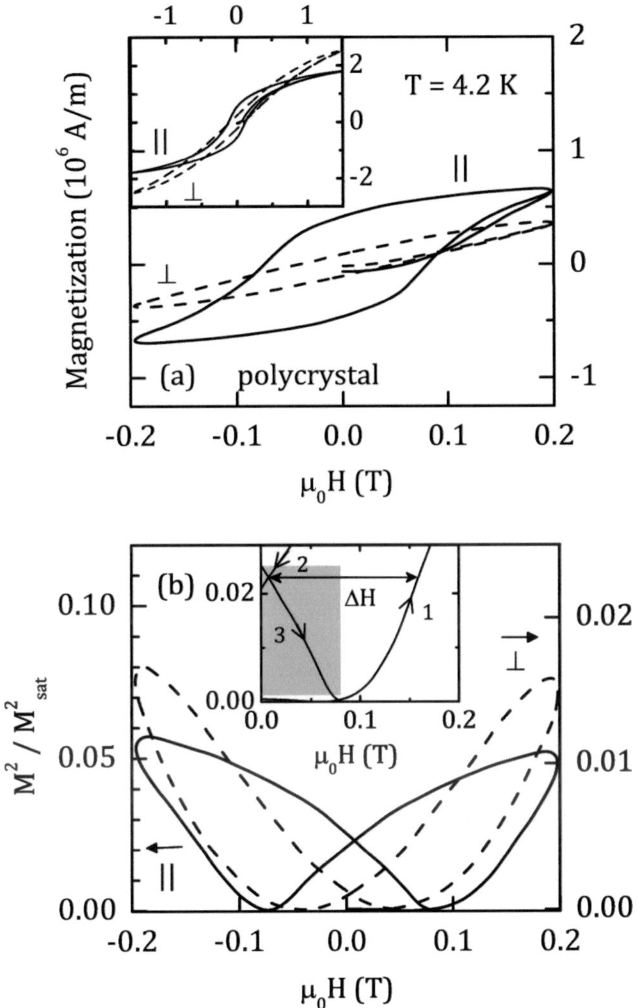

Abbildung 3.8: VSM-Messungen Polykristall [15]:

(a): Hysteresekurven polykristalliner Proben mit Magnetfeld parallel (durchgezogene Linie) bzw. senkrecht (gestrichelte Linie) zur Drahtachse. Das Inset zeigt den gesamten Bereich $|\mu_0 H| = \pm 1.5\,$T

(b): Aus Teil (a) berechneter Wert von $\frac{M^2}{M_{sat}^2}$. Im Inset befindet sich der Bereich $H > 0$. Darin ist ΔH die Breite zwischen der Magnetisierung nach Entmagnetisierung (Kurve 1) und nach dem Zurückfahren des Feldes (Kurve 2). Die grau schraffierte Fläche zeigt einen Bereich, in dem ohne Entmagnetisierung eine scheinbar negative Magnetostriktion auftritt (Kurve 3).

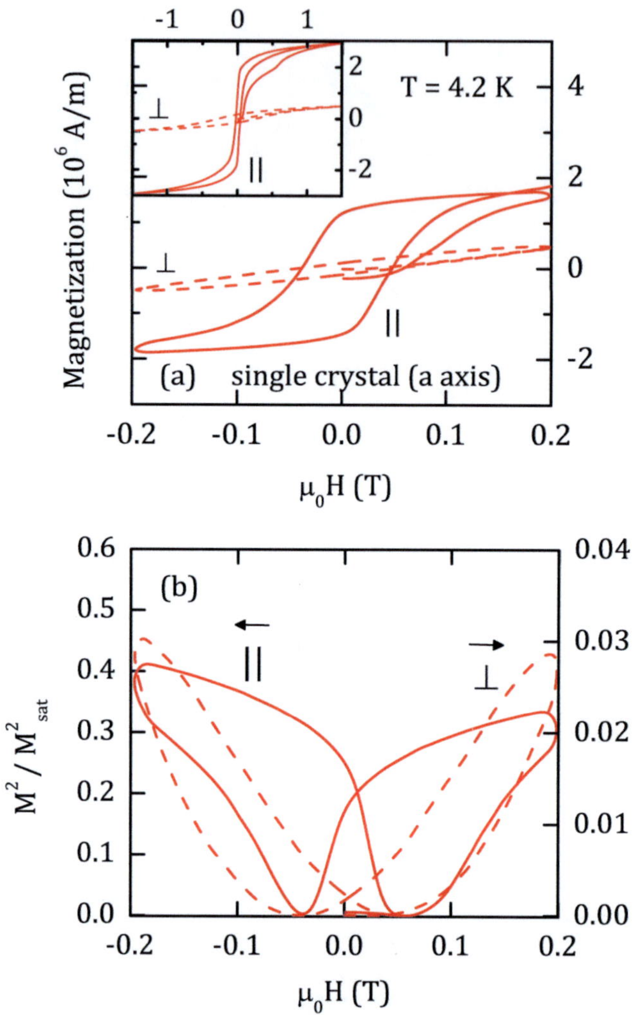

Abbildung 3.9: VSM-Messungen Einkristall a-Achse [15]:
(a): Hysteresekurven eines Einkristalls mit a-Achse in Drahtrichtung und Magnetfeld parallel (durchgezogene Linie) bzw. senkrecht (gestrichelte Linie) dazu. Der Inset zeigt den gesamten Bereich $| \mu_0 H | = \pm 1.5$ T

(b): Aus Teil (a) berechneter Wert von $\frac{M^2}{M^2_{sat}}$.

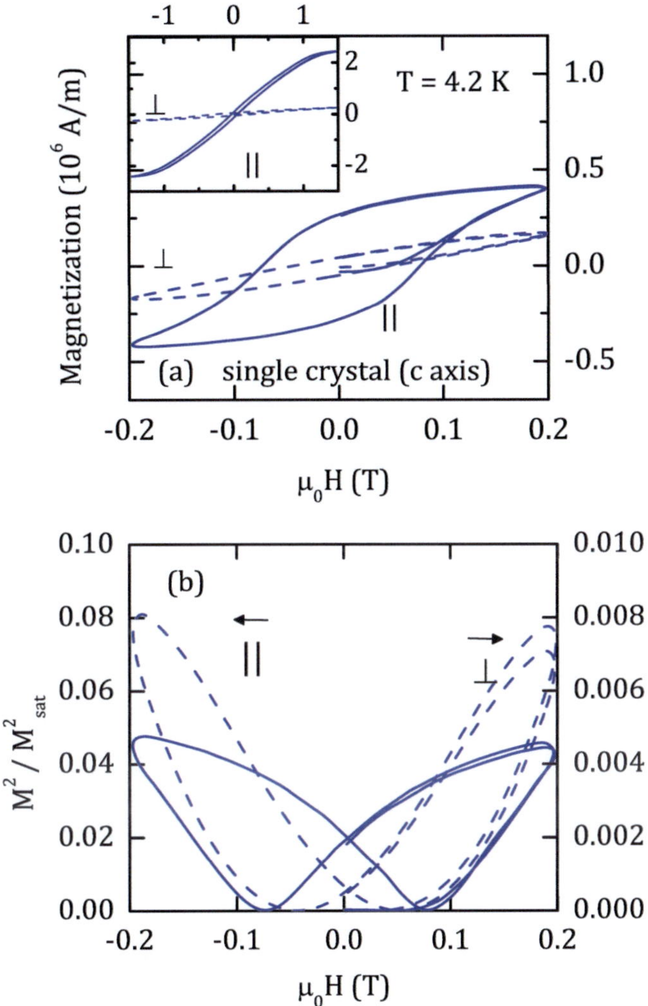

Abbildung 3.10: VSM-Messungen Einkristall c-Achse:
(a): Hysteresekurven eines Einkristalls mit c-Achse in Drahtrichtung und Magnetfeld parallel (durchgezogene Linie) bzw. senkrecht (gestrichelte Linie) dazu. Der Inset zeigt den gesamten Bereich $| \mu_0 H |= \pm 1.5$ T

(b): Aus Teil (a) berechneter Wert von $\frac{M^2}{M^2_{sat}}$.

Die Teile (b) der Abbildungen (3.8) bis (3.10) werden aus den darüber liegenden Daten (a) berechnet durch Bildung von $\frac{M^2}{M_{sat}^2}$. Dabei bezieht sich die Achsenbeschriftung der linken Seite auf die parallele Einstellung, die der rechten Seite auf den Fall senkrechten Magnetfeldes. Die schmetterlingsähnliche Struktur wird normalerweise bei direkter Messung der Magnetostriktion beobachtet. Allgemein gilt für Magnetisierungsprozesse der schweren Achse die Beziehung $\lambda \propto M^2$, bei Dysprosium demnach für ein Magnetfeld parallel zur c-Achse des Einkristalls. Damit gilt folgender Zusammenhang:

$$\frac{\lambda(H)}{\lambda_s} = \frac{M^2(H)}{M_{sat}^2} \tag{3.4}$$

In Dysprosium zeigt sich dieses Verhalten aber auch für einen Polykristall für $M > 0.25\, M_{sat}$ [35] (vgl. Abbildung 2.6). Deshalb wird Gleichung (3.4) zur indirekten Bestimmung von $\lambda(H)$ verwendet, da keine Magnetostriktionsmessung erfolgte.

Voraussetzung für einen sich kontinuierlich verändernden Abstand der Elektroden des Kontaktes über Magnetostriktion ist ein stetiger Verlauf von $M(H)$, wie es in den Abbildungen (3.8) bis (3.10) der Fall ist. Dies trifft nicht auf Hysteresen mit sich sprunghaft ändernder Magnetisierung am Koerzitivfeld H_c zu wie z.B. für polykristalline Fe- oder Ni-Proben.

Das Inset in Teil (b) der Abbildung 3.8 zeigt einen Ausschnitt des Bereichs $H > 0$, in welchem sich die Steigung der Magnetostriktionskurve $\lambda(H)$ von negativ (grau schraffierter Bereich) nach positiv ändert. Diesem Bereich kommt eine besondere Bedeutung zu, sofern ein voller Umlauf von $M(H)$ betrachtet wird. Bekannterweise sind Hysteresen allgemein pfadabhängig, d.h. die Ausgangsgröße (hier $M(H)$) ist nicht nur von der Art der Eingangsgröße abhängig, sondern auch von deren Vorgeschichte.

Durchfahren eines kompletten Zyklus in der Magnetisierung $M(H)$ kann deshalb für ein Material mit $\lambda_s > 0$ eine scheinbar negative Magnetostriktion vortäuschen, da für Felder $|H| < H_c$ das Quadrat der Magnetisierung $M^2(H)$, und damit die gemessene Magnetostriktion $\lambda(H)$, für steigendes äußeres Feld H sinkt (vgl. Kurve 3). Um eindeutige Ergebnisse zu erhalten, ist es daher wichtig, vor jeder Messung sicher zu stellen, dass die Probe vollständig entmagnetisiert ist.

4 Magnetfeldinduziertes Schalten des Kontakts

Acht polykristalline Proben sowie zwei Proben, bei welchen die magnetisch schwere c-Achse in Drahtrichtung lag, wurden auf Stufen und Plateaus im Leitwert untersucht. Dabei wurde jeweils eine Reihe von Zyklen aufgenommen. Proben mit magnetisch leichter a-Achse in Drahtrichtung wurden nicht auf Stufen und Plateaus im Leitwert untersucht. Zur genauen Untersuchung des Magnetfeld-Effekts wurden aufgrund der zeitaufwenigen Messungen die Zyklen nur in einen Bereich $G \leq 20\,G_0$ aufgenommen.

4.1 Polykristalle

In Abbildung 4.1 sind zwei Beispiele von magnetfeldabhängigen Leitwertkurven $G(H)$ abgebildet. Sie wurden beide an derselben polykristallinen Dy-Probe mit der in Kapitel 3.3 beschriebenen Anordnung gemessen. Zu sehen sind Stufen und Plateaus im Leitwert, welche weder regelmäßig erfolgen noch immer dieselbe Höhe haben. Eine Ursache durch die Digitalisierung der Datenaufnahme kann ausgeschlossen werden. Beide Kurven wurden beim Öffnen des Kontaktes durch Reduzierung des parallel zur Drahtachse angelegten Magnetfeldes aufgenommen.

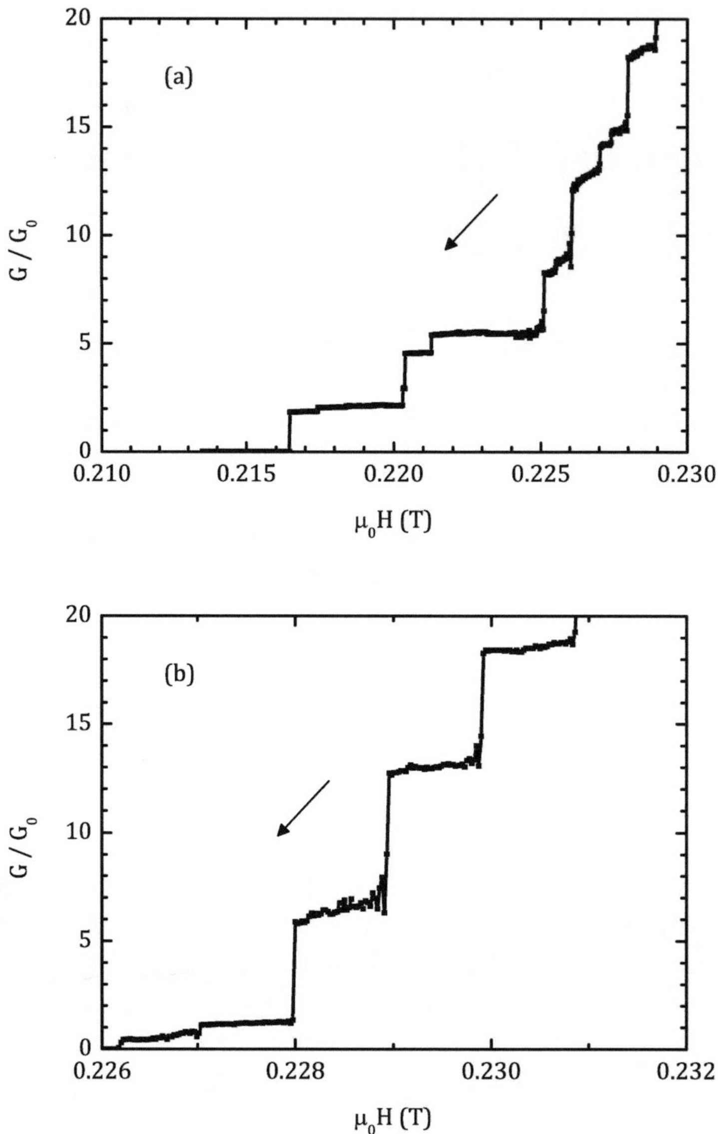

Abbildung 4.1: Beispiele gemessener Leitwertkurven über dem Magnetfeld, Probe # 23012008 [52]

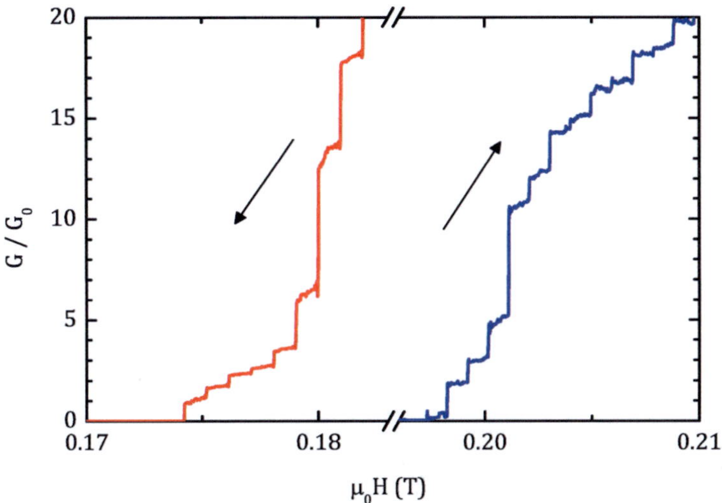

Abbildung 4.2: Gezeigt ist eine durchgängig laufende Messung an einer einzigen Probe, welche zunächst geschlossen und anschließend geöffnet wurde (Probe # 23012008) [52].

Stufen und Plateaus konnten auch bei Schließen des Kontaktes beobachtet werden. Abbildung 4.2 zeigt eine durchgehend laufende Messung an einer einzigen Probe. Zunächst wurde die Probe geschlossen (blaue Kurve) und anschließend wieder geöffnet (rote Kurve). Die Pfeile geben die Richtung der Änderung des Magnetfeldes an. Der Schaltvorgang zeigt eine Hysterese von etwa 0.02 T sowie Stufen und Plateaus in beiden Schaltrichtungen. Diese Messungen erinnern an das Verhalten, das bei der Untersuchung anderer mechanisch kontrollierter Bruchkontakte beobachtet wurde [6, 8, 9].

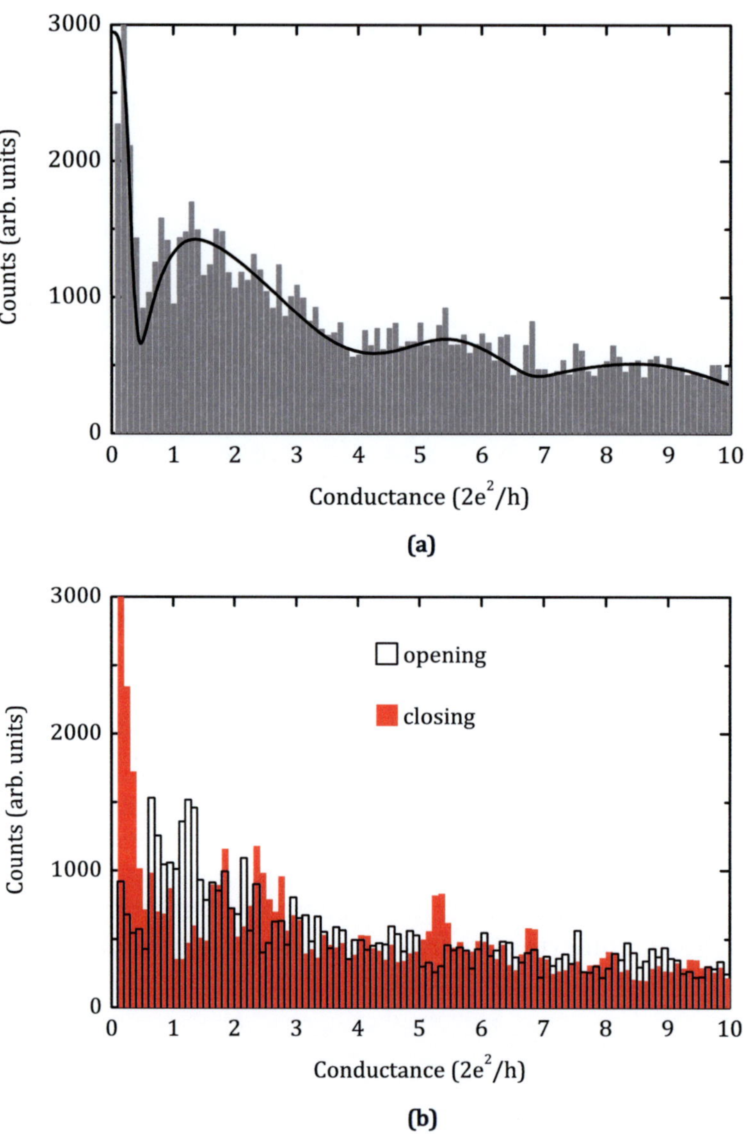

Abbildung 4.3: Leitwerthistogramme der Polykristalle: Teil (a) zeigt das Histogramm aller Polykristalle, an welchen Stufen und Plateaus beobachtet wurden [52]. Das untere Histogramm (Teil (b), [15]) ist nach Öffnen und Schließen getrennt und umfasst die Daten aller polykristallinen Proben

An jeder Probe wurde eine Vielzahl von Messzyklen aufgenommen. Aus allen Kurven wurden Leitwerthistogramme einer Binbreite von 0.1 G_0 erstellt. Für Leitwerte $G \approx 0$ wurden nur diejenigen Messpunkte verwendet, welche sich in einem Bereich der doppelten Länge des letzten Leitwertplateaus vor dem Bruch befanden.

Abbildung 4.3 (a) zeigt ausgehend von einem geringen Leitwert einen steilen Abfall, welcher bei einem Minimum um 0.5 G_0 endet. Es folgt ein breites Maximum bei etwa 1.5 G_0, das sich aus mehreren dicht aufeinander folgenden Peaks zusammensetzt. Weitere kleine Maxima liegen bei etwa 5 sowie 8 Leitwertquanten.

Abbildung 4.3 (b) zeigt ein Histogramm aller Daten aus (a), getrennt nach Daten beim Öffnen (weiße Balken mit schwarzem Rand) und Schließen (rote Balken) des Kontaktes. Da das Öffnen (90802 Ereignisse) mehr Datenpunkte aufweist als das Schließen (68261 Ereignisse), sind zur besseren Vergleichbarkeit die Ereignisse in beiden verschiedenen Richtungen auf die jeweilige Gesamtanzahl an Messpunkten bezogen. Entgegen anderer Messungen an den Ferromagneten Ni, Co, welche Maxima bei 0.5 G_0 aufweisen, die als Aufhebung der Spinentartung gedeutet werden, ist bei Dysprosium kein solches Maxima zu sehen (vgl. Abbildung 4.1.1).

Auffallend ist ein großer Unterschied zwischen Öffnen und Schließen, wie schon aus früheren Experimenten bekannt [59]. Ersterer Fall zeigt zwei benachbarte Maxima bei ungefähr 0.8 sowie 1.2 G_0. Weitere kleine Maxima folgen bei 3 sowie 4.5 G_0. Beim Schließen des Kontaktes ist das gesamte Histogramm um 1 G_0 in Richtung höherer Leitwerte verschoben. So treten die ersten beiden Maxima bei etwa 1.8 und 2.2 G_0 auf, die weiteren Maxima verschieben sich auf 4 bzw. 5.5 G_0. Eine Besonderheit des Schließens liegt im steilen Anstieg der Ereignisse hin zu geringen Leitwerten nahe Null ausgehend von einem Minimum bei 1 G_0. Dieser steile Anstieg bzw. das Maximum bei geringen Leitwerten erklärt sich durch den Beitrag des Elektronentunnelns beim Schließen des Kontaktes (vgl. $G(H)$). Dieser wird beim Öffnen nicht beobachtet.

Die Unterschiede zwischen Öffnen und Schließen des Kontaktes lassen sich im Detail anhand der Leitwertkurven aus Abbildung 4.2 zeigen. Bei Öffnen des Kontaktes tritt das letzte Leitwertplateau bei 1 G_0 auf. Dagegen wird das erste Plateau des Schließvorganges nach dem Tunnelbereich bei einem Leitwert $G > G_0$ erreicht. Dieses Verhalten kann zwei mögliche Ursachen haben: Zum einen kann es ein rein mechanischer Effekt sein. Durch die Dehnung des Kontaktes verdünnt sich dieser an der Sollbruchstelle immer weiter, bis sich im Idealfall zwei exakt geformte Spitzen gegenüber stehen. Diese reißen schließlich abrupt ab, so dass der Leitwert von 1 G_0 auf einen Wert nahe Null springt. Bei erneuter Annäherung der beiden inzwischen relaxierten Enden bildet sich zunächst ein Tunnelstrom, aus welchem direkt ein Kontakt gebildet wird. Dieser Bereich des Tunnelstromes erstreckt sich in der Regel bis zu Werten $G > G_0$. Durch die mechanische Relaxation der Drahtenden ist möglicherweise auch der Versatz bei 1 G_0 im Histogramm erklärbar.

Eine weitere mögliche Erklärung für den Versatz wäre eine Änderung der Konfiguration der magnetischen Domänen. Bei einer Temperatur von T = 4.2 K ist Dysprosium im ferromagnetischen Zustand und besitzt somit eine magnetische Domänenstruktur. Bei Auseinanderziehen des Drahtes ordnen sich die Domänen neu an. Da Dy eine positive Magnetostriktion besitzt und beim Öffnen des Kontaktes Zugspannungen auftreten, ist das in Kapitel 2.4.3 definierte Produkt $\lambda\sigma > 0$. Somit ist eine Ausrichtung der Domänen in Drahtachse durch den Prozess der „domain wall motion" zu erwarten. Bei Bruch des Drahtes realxiert die Spannung σ und die Domänen ordnen sich neu an. Bei erneuter Annäherung wird sich nach dem Tunnelbereich somit ein anderes Verhalten zeigen als es beim Öffnungsvorgang der Fall war. Diese Erklärung der Unterschiede zwischen den beiden Histogrammen basiert demnach auf einer anderen Spinkonfiguration der Domänen. In der Literatur werden meist nur „Öffnungskurven" dargestellt. Es gibt in der Regel Unterschiede zwischen Histogrammen erstellt aus „Öffnungskurven" bzw. aus „Schließkurven" [59].

4.1.1 Abschätzung Spinpolarisation

Für ferromagnetische Kontakte atomarer Abmessungen wurde in einigen Experimenten über eine Häufung des Leitwerts bei 0.5 G_0 berichtet. Solch ein Maximum bei 0.5 Leitwertquanten würde auf einen vollständig spinpolarisierten Strom und perfekte Leitungskanäle mit τ = 1 hinweisen. Außerdem konnte der Effekt teilweise auf Störstellen oder Fremdgaseinfluss zurückgeführt werden [60, 61]. Aus Teil (a) der Abbildung 4.3 lässt sich die Existenz einer Leitfähigkeit von 0.5 G_0 bei Dysprosium nicht bestätigen. Wie bereits erwähnt (vgl. Kapitel 2.7) sind in Dysprosium die lokalisierten 4f-Elektronen für den größten Teil der Magnetisierung verantwortlich. Da diese allerdings 4.57 eV unterhalb der Fermienergie E_F liegen [62], tragen sie nicht zum Strom der Leitungselektronen nahe E_F bei. Die ferromagnetische Ausrichtung der 4f-Elektronen führt zu einer (wenn auch geringen) Spinaufspaltung der hauptsächlich für den Stromtransport verantwortlichen 6s- und 5d-Elektronen. Vernachlässigt werden hierbei Effekte, die von der Hybridisierung zwischen f- und d-Zuständen verursacht werden. Verwendet wird die als „N"-Definition bekannte Spinpolarisation $P = \frac{D_\uparrow - D_\downarrow}{D_\uparrow + D_\downarrow}$, wobei $D_{\uparrow,\downarrow}$ die Zustandsdichten für Spin-up ($\uparrow$) und Spin-down ($\downarrow$) Elektronen am Ferminiveau sind. Der Nutzen dieser Art der Definition der Spinpolarisation wird dadurch beschränkt, dass Transportpänomene gewöhnlich nicht alleine durch die Zustandsdichte bestimmt werden [63].

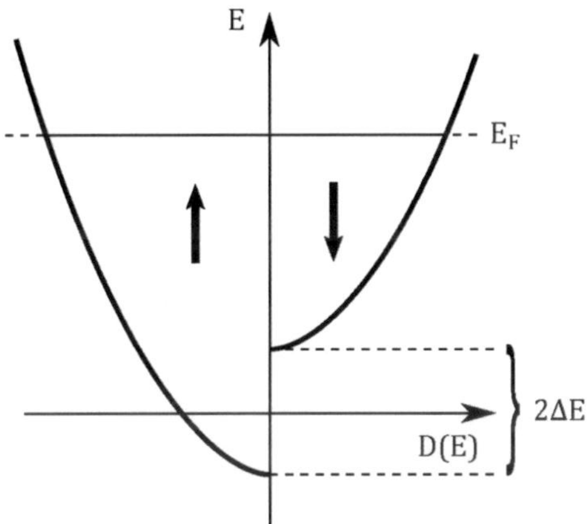

Abbildung 4.4: Berechnung der Spinpolarisation: Im Magnetfeld wird die Zustandsdichte $D(E)$ je nach Spinrichtung um $\pm\,\Delta E$ auf der Energieachse verschoben.

Dysprosium besitzt eine Fermienergie von $E_F = 6.1$ eV [44] und eine Zustandsdichte am Ferminiveau von $D(E_F) = 2\,\frac{1}{\text{eV Atom}}$ [44]. Die magnetische Wechselwirkung zwischen den 4f-Momenten wird durch die RKKY-Wechselwirkung über die Leitungselektronen vermittelt. Dies führt zu einer Spinpolarisation der Leitungselektronen und zu einer Erhöhung des magnetischen Momentes von 1.2 $\frac{\mu_B}{\text{Atom}}$. Im Modell freier Elektronen ergibt sich für die Magnetisierung, wobei ΔE die Aufspaltung der Spin-Up- und Spin-Down-Bänder bezeichnet (vgl. Abbildung 4.4):

$$M = \mu_B D(E_F)\Delta E$$

Damit lässt sich die Aufspaltung der Spin-Up- und Spin-Down-Bänder ΔE berechnen zu:

$$\Delta E = \frac{M}{\mu_B D(E_F)} = 0.6\,\text{eV}$$

Da die Zustandsdichte im Modell freier Elektronen in drei Dimensionen $D(E) \propto \sqrt{E}$ verläuft, lassen sich die Zustandsdichten an der Fermikante abschätzen:

$$D_\uparrow(E_F) = D(E_F)\sqrt{1 + \frac{\Delta E}{E_F}}$$

$$D_\downarrow(E_F) = D(E_F)\sqrt{1 - \frac{\Delta E}{E_F}}$$

Einsetzen der Werte liefert $D_\uparrow(E_F) = 2.1\,\frac{1}{\text{eV Atom}}$ bzw. $D_\downarrow(E_F) = 1.9\,\frac{1}{\text{eV Atom}}$. Aus diesen beiden Werten errechnet sich die Spinpolarisation zu:

$$P = \frac{D_\uparrow(E_F) - D_\downarrow(E_F)}{D_\uparrow(E_F) + D_\downarrow(E_F)} = 5\,\%$$

Diese Abschätzung im Modell freier Elektronen für die Spinpolarisation in Dysprosium ist in guter Übereinstimmung mit dem Wert $P^* = 6.8\,\%$, der aus Tunnelexperimenten mit supraleitender Al-Elektrode gemessen wurde. Dort wird P^* über den Verlauf des differentiellen Leitwerts definiert [64, 65]. In jedem Fall ist die Spinpolarisation der Leitungselektronen von Dysprosium verglichen mit derjenigen von Fe, Co, Ni klein.

4.1.2 Beziehung zwischen Längenänderung und Magnetfeldänderung

Anhand der aufgenommenen Leitwertkurven lässt sich eine Beziehung zwischen der Längenänderung des Kontaktes und der dazu aufgewendeten Magnetfeldänderung bestimmmen. Dazu betrachtet man den Tunnelbereich, welcher in der Regel bei Annäherung der beiden Elektroden auftritt.
Abbildung 4.5 zeigt den für die nachfolgende Rechnung verwendeten Leitwert G einer polykristallinen Probe im Tunnelbereich. In Teil (a) ist ein Ausschnitt eines magnetfeldinduzierten Schließvorgangs zu sehen (Probe # 03032009). Aufgetragen ist der logarithmierte Leitwert G/G_0 über dem

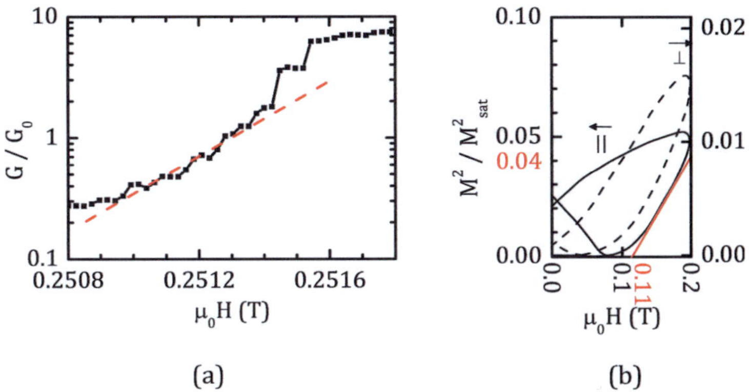

Abbildung 4.5: (a) $\ln\frac{G}{G_0}$ über Feldstärke $\mu_0 H$, (b) Ausschnitt aus Abbildung 3.8 (b)

äußeren Magnetfeld. Die rot gestrichelte Linie stellt die angepasste Gerade dar.

$$\ln\frac{G}{G_0} = \frac{1}{\xi_H}\mu_0 H - 1794$$

$\xi_H = 2\cdot10^{-4}$ T entspricht dem Kehrwert der Geradensteigung. Unter der Annahme, dass sich für kleine Änderungen des Magnetfeldes der Abstand x aufgrund der Magnetostriktion linear mit dem Feld H ändert, lässt sich Gleichung (3.2) schreiben:

$$G \propto \exp\left(-\frac{\mu_0 H}{\xi_H}\right) \tag{4.1}$$

Damit ist es möglich, eine Beziehung zwischen Längenänderung des Kontaktes und Magnetfeldänderung zu erhalten. Dazu wird die in Kapitel 3.1.2 bestimmte Materialkonstante $\xi_{theo} = 0.433$ Å sowie die in Gleichung (3.2) enthaltene Abhängigkeit $G \propto \dfrac{x}{\xi_{theo}}$ verwendet:

$$\frac{x}{\xi_{theo}} = \frac{\mu_0 H}{\xi_H} \tag{4.2}$$

Für die vorliegenden Werte $\xi_{theo} = 0.433$ Å und $\xi_H = 2\cdot10^{-4}$ T erhält man einen Kalibrierungsfaktor

$$\frac{\Delta L}{\mu_0 \Delta H} = \frac{\xi_{theo}}{\xi_H} = 2.2\cdot10^{-7}\frac{m}{T} \tag{4.3}$$

Eine andere Abschätzung für $\frac{\Delta L}{\Delta H}$ folgt aus den VSM-Daten (vgl. Kapitel 3.5.2).

Dazu wird die Steigung der Magnetostriktion $\frac{\lambda}{\lambda_s} \approx \left(\frac{M}{M_s}\right)^2$ verwendet, wie in Abbildung 4.5 (b) dargestellt. Zu sehen ist der Ausschnitt der positiven Magnetfeldachse aus Abbildung 3.8 (b). Die Steigung beträgt $\frac{d\frac{\lambda}{\lambda_s}}{\mu_0 dH} = 0.44\ \frac{1}{\text{T}}$.

Die Sättigungsmagnetostriktion des Polykristalls beträgt $\lambda_s = 3.4 \cdot 10^{-3}$ [35]. Da für kleine Felder die Sättigung nicht erreicht wird (vgl. Abbildung 4.5 (b)), ist die Magnetostriktion der Probe kleiner als λ_s. Die Magnetostriktion pro Feldeinheit beträgt damit für den betrachteten Fall kleiner Felder $|\ \mu_0 H\ |$ ≤ 0.2 T:

$$\frac{d\lambda}{\mu_0 dH} = \frac{d\frac{\lambda}{\lambda_s}}{\mu_0 dH} \cdot \lambda_s = 1.5 \cdot 10^{-3}\frac{1}{\text{T}}$$

Um daraus die Längenänderung je Feldänderung zu erhalten, wird der Abstand L der beiden Epoxy-Tropfen (vgl. Kapitel 3.1) zu $L \approx 2$ mm abgeschätzt. Man erhält:

$$\frac{\Delta L}{\mu_0 \Delta H} = \frac{d\lambda}{\mu_0 dH} \cdot L = 6.6 \cdot 10^{-7}\frac{\text{m}}{\text{T}} \tag{4.4}$$

Dieser aus den Magnetisierungskurven abgeschätzte Wert für die Änderung des Kontaktabstands im Magnetfeld ist um einen Faktor 3 (und damit etwa eine halbe Größenordnung) größer als der aus der Längenänderung abgeschätzte Wert. Eine mögliche Erklärung für die Diskrepanz wäre ein lokal anderer Verlauf der Magnetisierung $M(H)$ im Bereich des Bruchkontakts im Vergleich zur integralen Messung über den ganzen Draht mit dem VSM. Gleichung (4.4) liefert für eine Magnetfeldhysterese von typisch $\mu_0 \Delta H = 20$ mT (ermittelt z.B. aus Abbildung 4.6) eine gesamte Längenänderung des 2 mm langen Drahtstückes von $\Delta L = 600$ Å. Anwendung von Gleichung (4.3) liefert eine gesamte Längenänderung von 44 Å.

4.1.3 Schnelle Änderung des Magnetfeldes

Bei den bisher betrachteten Messungen war das Ziel die Beobachtung von Stufen und Plateaus im Leitwert. Dementsprechend wurde die Änderungsgeschwindigkeit mit 24 $\frac{\mu\text{T}}{\text{s}}$ klein gewählt. Wählt man dagegen eine höhere Geschwindigkeit (2.4 $\frac{\text{mT}}{\text{s}}$), so wird der Bereich, in dem Stufen und Plateaus auftreten könnten, viel zu schnell durchlaufen, um diese sichtbar zu machen. Die schnelle Änderung des Magnetfeldes ist aber erforderlich, um an einem einzigen Tag einen kompletten winkelabhängigen Zyklus durchfahren zu können. Die Standzeit des Kryostaten im Messbetrieb schränkt die zur Verfügung stehende Zeit ein. Das Abschließen eines solchen Zyklus gewährleistet, dass sich der Kontakt immer in derselben Position bei tiefen Temperaturen befindet und keine atomaren Umordnungen stattfinden können. Letztere können bei einer sich über mehrere Tage erstreckenden Messreihe auftreten.

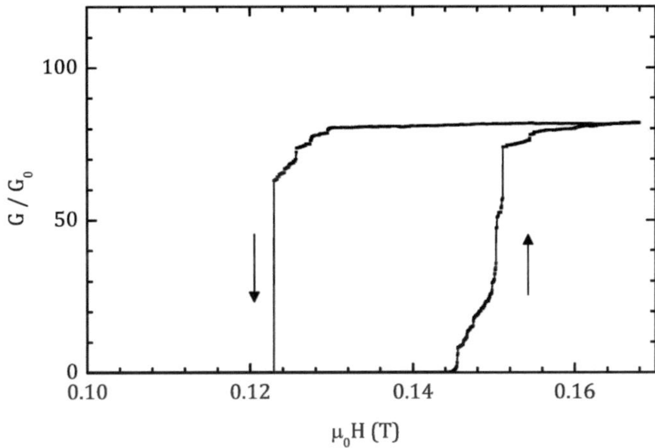

Abbildung 4.6: Magnetfeldinduzierte Hysterese gemessen an einem Dy-Polykristall. Das Magnetfeld lag parallel zur Drahtachse und wurde mit einer Rate von 2.4 $\frac{mT}{s}$ geändert (Probe # 03032009).

Ein bei schnellerer Änderung des Magnetfeldes typischer Hysteresezyklus, aufgenommen an einer Probe mit paralleler Stellung von Magnetfeld und langer Drahtachse, ist in Abbildung 4.6 dargestellt. Aufgetragen ist der Leitwert in Einheiten von G_0 gegen das äußere Magnetfeld. Die Pfeile an den Kurven geben die Richtung der Datenaufnahme an. Zu sehen ist der schon angedeutete schnelle Schaltvorgang zwischen den Zuständen „geöffnet" ($G = 0$) und „geschlossen" ($\frac{G}{G_0} \geq 50$). Im letzteren Fall liegt der absolute Widerstand bei rund 100 Ω, im „geöffneten" Zustand übersteigt R des Kontaktes den parallel anliegenden 1 MΩ-Widerstand (vgl. Kapitel 3.3). Typischerweise ist dann $R > 33$ MΩ.

Der dargestellte Schaltvorgang besitzt eine beträchliche Hysteresebreite
von $\mu_0 H \approx 20$ mT. Hervorgerufen wird die Hysteresebreite in $G(H)$ durch
die Hysterese der Magnetisierung $M(H)$ und damit der Magnetostriktion
$\lambda(H)$ (vgl. Kapitel 3.5.2). Beiträge durch mechanische Hysteresen können
ausgeschlossen werden.

4.2 Einkristalle

Es wurden Einkristalle mit der magnetisch schweren c-Achse in Drahtrichtung untersucht, bei denen das Magnetfeld zunächst parallel zur Drahtachse
angelegt. In dieser Ausgangsstellung muss man, um den Kontakt schalten
zu können, mit einer geöffneten Probe beginnen, bei der die beiden Elektroden sich kurz vor dem Schließen befinden. Mit steigendem Magnetfeld
nähern sich die Elektroden in Feldrichtung aufgrund der positiven Magnetostriktion des Dysprosium einander an (vgl. Kapitel 2.4 und 2.7). Dies führt
zum Schließen des Kontaktes. Mit zurückfahrendem Magnetfeld geht die
Ausdehnung der Probe zurück, wodurch sich der Kontakt wieder öffnet.
Liegt das Magnetfeld in der Ausgangsstellung unter einem Winkel von 90°
an, so sollte der Kontakt vor Beginn der Messung gerade noch geschlossen
sein. Ein steigendes äußeres Feld verursacht sich zusammenziehende Elektroden und somit ein Öffnen des Kontaktes. Bei sinkendem Feld sollten entsprechend die Elektroden wieder zusammenkommen. Erklärung hierfür ist
die Anisotropie der volumeninvarianten Joule'schen Magnetostriktion (vgl.
Kapitel 2.4).

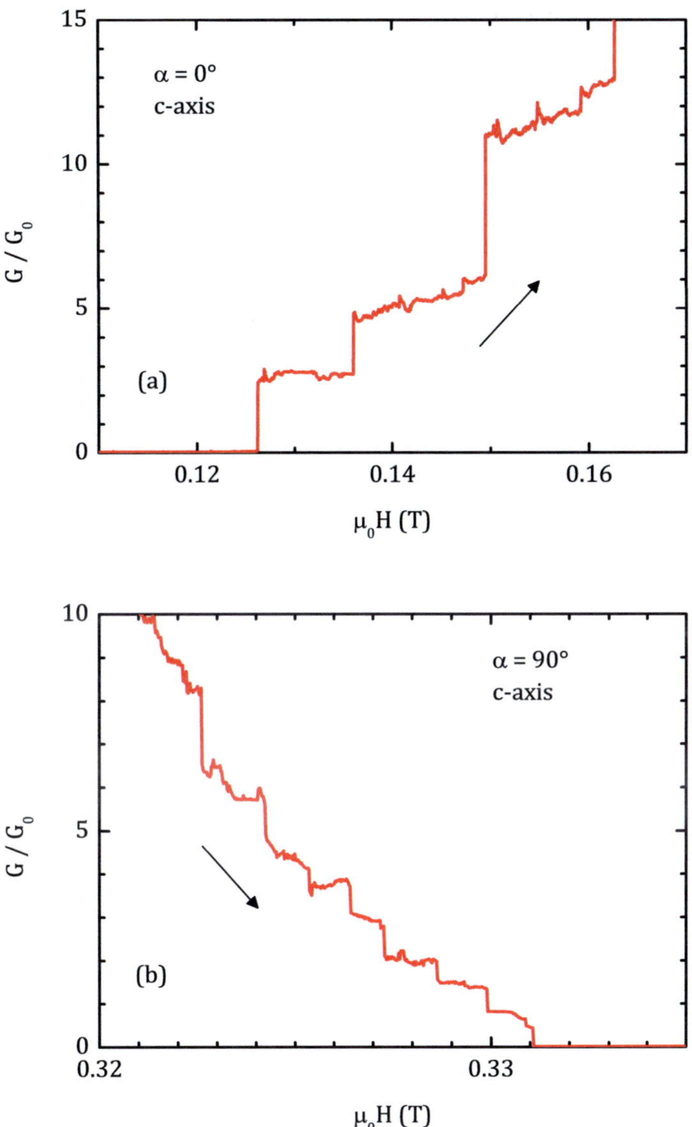

Abbildung 4.7: Magnetfeldinduzierte Stufen bei c-Achse Einkristall [15]: Abgebildet ist $G(H)$ eines Dy-Einkristalls mit c-Achse in Drahtrichtung. Im oberen Bild liegt das Magnetfeld parallel, im unteren senkrecht zur Drahtachse (Proben # 28122009, 01092009).

Abbildung 4.7 zeigt zwei Kurven $G(H)$, entstanden bei Messung an einem Einkristall mit c-Achse in Drahtrichtung. Aufgetragen ist der Leitwert $\frac{G}{G_0}$ über dem äußeren Feld. Im oberen Bild liegt das Magnetfeld parallel, im unteren dagegen senkrecht zur Drahtachse. Der Kontakt öffnet im senkrechten Fall mit steigendem äußeren Feld (vgl. Abbildung 4.7 (b)). Im Gegensatz dazu schließt er bei paralleler Magnetfeldstellung und sich ebenfalls erhöhender Feldstärke. In beiden Fällen sind, ähnlich wie bereits beim Polykristall gesehen (vgl. Kapitel 4.1), Stufen und Plateaus im Leitwert zu erkennen. Aus den Leitwertkurven wurden getrennt nach Winkel α zwischen Magnetfeld und Drahtachse Histogramme ermittelt. Wie bei den polykristallinen Proben ist in Abbildung 4.8 eine Trennung der Schaltrichtungen Öffnen (weiße Balken mit schwarzem Rand) und Schließen (rote Balken) erfolgt. Die Daten des Schließvorganges wurden auf die Gesamtzahl an Ereignissen des Öffnens angepasst, so dass beiden Richtungen dieselbe Anzahl an Messpunkten zugrunde liegt. Wie bereits beim Polykristall wurde eine Binbreite von 0.1 G_0 gewählt. Teil (a) der Abbildung 4.8 zeigt den Fall einer Messung mit Magnetfeld parallel zur Drahtachse. Beim Schließen ist ein steiler Abfall der Ereignisse beginnend bei Leitwerten nahe Null zu erkennen. Dieser endet in einem Minimum bei etwa 1 G_0. Es folgt eine breite Erhebung zwischen 1.5 und 3 Leitwertquanten mit Maxima bei 1.5 sowie 2.5 G_0. Ein weiteres Maximum liegt bei 5.5 G_0. Im Fall des Öffnens liegt ein erstes breites Maximum bei 1 G_0, gefolgt von einem weiteren bei 2. In diesem Bereich scheinen die beiden Richtungen um 1 G_0 versetzt zu sein. Dies gilt nicht für Leitwerte $G > 2\,G_0$.

Wird die Drahtachse senkrecht zum Magnetfeld ausgerichtet, liefert der Öffnungsvorgang im Histogramm in Abbildung 4.8 (b) weiterhin ein breites Maximum bei 1 – 1.5 G_0, allerdings existiert beim Schließvorgang ebenfalls ein sehr scharfes Maximum bei 1 G_0. Es schließen sich zwei weitere scharfe Maxima bei 2 sowie 3 G_0 an. Auffallend ist der Unterschied im Bereich von 4 G_0: Bei Öffnen des Kontakts sind Erhebungen rechts und links davon zu verzeichnen, während beim Schließen ein breites Minimum auftritt. Insgesamt sind sowohl für Öffnen als auch für Schließen bei $\alpha = 90°$ umso weniger Ereignisse zu verzeichnen, je höher der Leitwert ist. Das Histogramm bei $\alpha = 90°$ ist deutlich strukturierter als das Histogramm bei $\alpha = 0°$. Allerdings ist die Aussagekraft dieser Histogramme geringer, da zur Erstellung nicht genügend Daten zur Verfügung standen, um eine vernünftige Statistik zu erhalten.

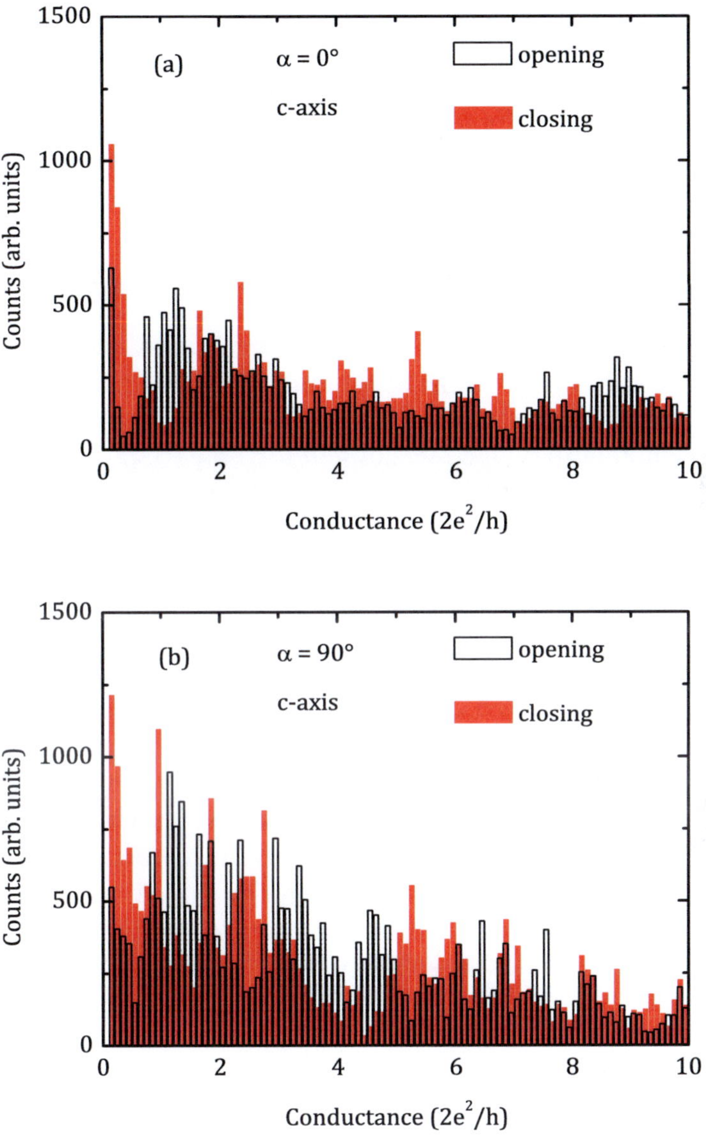

Abbildung 4.8: Histogramme des c-Achsen-orientierten Einkristalls: Teil (a) zeigt das Histogramm für Messungen mit parallel zur Drahtachse ausgerichtetem Magnetfeld. In Teil (b) gilt $\alpha = 90°$.

4.3 Winkelabhängige Messungen

Aufgrund der anisotropen Magnetostriktion und der großen magnetoelastischen Anisotropie der Seltenen Erden wird eine starke Winkelabhängigkeit des Leitwerts von der Orientierung des Magnetfeldes erwartet. Dies wird im Folgenden untersucht.

4.3.1 Hysteresen bei winkelabhängigen Messungen

Wie bereits in Kapitel 3.3 beschrieben, ist der Probestab so im Kryostaten eingebaut, dass sich Messungen unter einem beliebigen horizontalen Winkel α zwischen Probenachse und Magnetfeldrichtung durchführen lassen. Es wurden winkelabhängige Messungen für Polykristalle und Einkristalle mit a-Achse sowie c-Achse in Drahtrichtung durchgeführt. Das bei Untersuchung der Winkelanhängigkeit verwendete Messprinzip wurde bereits in Kapitel 3.4.3 beschrieben. Es sei nochmals betont, dass vor jedem Zyklus eine vollständig entmagnetisierte Probe vorliegen muss, um eine scheinbar negative Magnetostriktion zu vermeiden. Diese würde durch die Hysterese der Magnetisierung $M(H)$ und damit von $\lambda(H)$ hervorgerufen werden (vgl. Kapitel 3.5.2).

Für jede Winkeleinstellung wurde ein kompletter Leitwert-Zyklus zwischen $\mu_0 H = 0$ und $\mu_0 H = 0.6\,\text{T}$ durchfahren. Dadurch wird garantiert, dass bei Drehung des Probenstabes die aktuelle Kontaktkonfiguration nicht durch mechanische Erschütterungen verändert wird. Diese Vorgehensweise unterscheidet sich von derjenigen vorangegangener Experimente an nanostrukturierten Ni-Kontakten, in denen die Änderung des Widerstandes während Drehung des Magnetfeldes in der Filmebene beobachtet wurde [14].

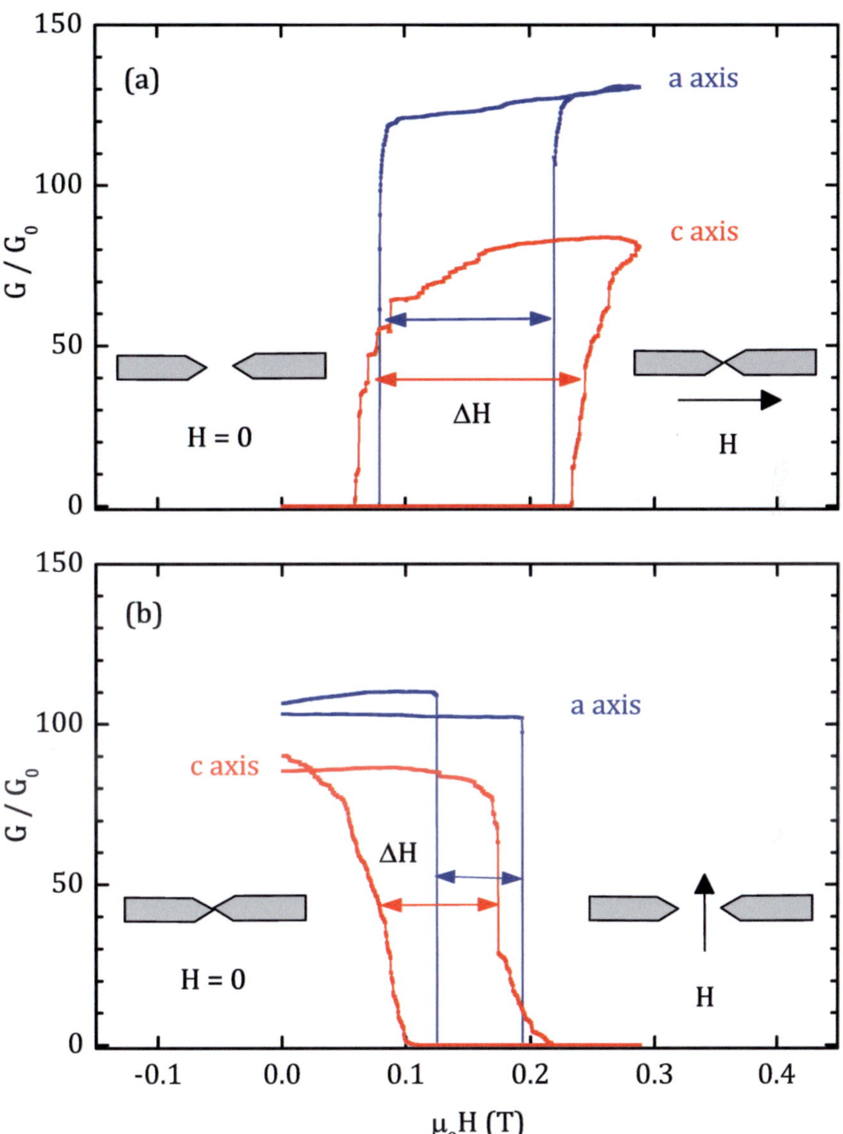

Abbildung 4.9:
(a): Beispielhafte Schaltvorgänge für Einkristalle mit a-Achse (blau) bzw. c-Achse (rot) in Drahtrichtung. In Ausgangsstellung lag das Magnetfeld parallel dazu an.
(b): Wie in Teil (a) nur liegt das Magnetfeld in der Startposition senkrecht zur Drahtachse.

In Abbildung 4.9 sind typische Hysteresekurven für beide Magnetfeldrichtungen an zwei Einkristallen gezeigt. Aufgetragen ist jeweils G/G_0 über dem äußeren Magnetfeld $\mu_0 H$. Teil (a) zeigt zwei Schaltvorgänge, jeweils einen für den Einkristall mit a-Achse (blau) und einen für denjenigen mit c-Achse (rot) in Drahtrichtung. Auf halber Höhe der Hysterese ist die Breite ΔH eingetragen. Die Zustände für $H = 0$ und $H > 0$ sind nochmals verdeutlicht: für kleine Felder ist der Kontakt „geöffnet", für große ist er dagegen „geschlossen". Der Pfeil im rechten Inset symbolisiert die Richtung des Magnetfeldes in Bezug auf die Stellung der Drahtachse. Liegt am Ausgangspunkt das Magnetfeld parallel zur Drahtachse an ($\alpha = 0°$ bzw. $180°$), so ist der Kontakt zunächst „geöffnet" (vgl. Abbildung 4.10 (a)). Mit steigendem Magnetfeld schließt sich der Kontakt aufgrund der durch Magnetostriktion hervorgerufenen Ausdehnung der beiden Elektroden. Das beobachtete Schaltverhalten ist jedoch auf einen kleinen Winkelbereich um die beiden möglichen Startpositionen herum beschränkt (vgl. Kapitel 4.3.2 sowie Abbildung 4.11 (a)).

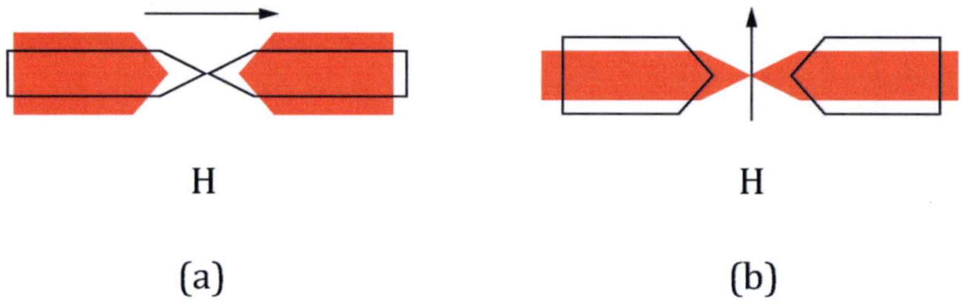

Abbildung 4.10: Kontaktausrichtung relativ zum Magnetfeld bei positiver Magnetostriktion entlang der Drahtachse:
(a): parallele Konfiguration. Ein zunächst geöffneter Kontakt (rot) schließt mit steigendem parallelem Magnetfeld (schwarz).
(b): senkrechte Konfiguration. Ein zunächst geschlossener Kontakt (rot) öffnet mit steigendem Feld (schwarz).

In Teil (b) der Abbildung ist dasselbe für den Fall eines in der Startposition senkrecht anliegenden Magnetfeldes gezeigt. Deutlich zu sehen ist, dass die Hysteresen wie gespiegelt wirken: der „geschlossene" Zustand befindet sich nun bei kleiner Feldstärke, der Zustand „geöffnet" entsprechend bei großen Feldern.
Im Gegensatz zum Verhalten bei parallelem Magnetfeld öffnet in der Startposition bei $\alpha = 90°$ bzw. $270°$ der zu Beginn der Feldänderung „geschlossene" Kontakt mit steigendem Magnetfeld (vgl. Abbildung 4.10 (b)). Ursache

ist die Anisotropie der Magnetostriktion, so dass sich die Elektroden entlang der Drahtachse zusammenziehen. Dadurch wird der zuvor geschlossene Kontakt gebrochen. Wiederum ist das Verhalten auf einen kleinen Bereich um die beiden Winkel 90° und 270° herum beschränkt (vgl. Abbildung 4.11 (b)).

Neben der „Spiegelung" der Hysteresen ist als weiterer Unterschied der beiden Graphen eine deutlich unterschiedliche Hysteresebreite zu erkennen. In Teilbild (a) der Abbildung 4.9 besitzen die Hysteresen eine größere Breite ΔH als in Teil (b). Die Teile (b) der Abbildungen (3.9) und (3.10) zeigen ebenfalls unterschiedliche Breiten in ihren Hysteresen: Liegt das Magnetfeld parallel zur Drahtachse an, so sind die Hysteresen breiter als bei senkrechter Feldausrichtung. Die Teilbilder (a) und (b) der Abbildung 4.9 zeigen zudem, dass die Hysteresen des a-Achsen-orientierten Einkristalls stets kleiner sind als diejenigen mit c-Achse in Drahtrichtung. Dieses Verhalten lässt sich ebenfalls in den Teilen (b) der Abbildungen (3.9) bis (3.10) erkennen: Liegt das Magnetfeld entlang der leichten Magnetisierungsachse, so scheint die Hysterese in $M^2(H)$ (und äquivalent dazu in $\lambda(H)$) enger zu sein, als wenn das Feld entlang der schweren Achse zeigt.

α (deg)	$\mu_0 \Delta H_{poly}$ (T)	$\mu_0 \Delta H_a$ (T)	$\mu_0 \Delta H_c$ (T)	$\mu_0 \overline{\Delta H_{a,c}}$ (T)
0	0.099 ± 0.027	0.121 ± 0.052	0.092 ± 0.035	0.111
90	0.061 ± 0.024	0.072 ± 0.023	0.120 ± 0.044	0.088

Tabelle 4.1: Vergleich der Hysteresebreiten der verschiedenen Dysprosium-Kristalle für die jeweiligen Ausgangsstellungen. Die Indizes a, c in ΔH_x symbolisieren die verschiedenen Orientierungen der Einkristalle mit a (c) parallel zur Drahtachse. Der Wert $\overline{\Delta H_{a,c}}$ ist der gewichtete Mittelwert der Dy-Achsen (vgl. Text).

Tabelle 4.1 fasst die über alle Messungen gemittelten Hysteresebreiten zusammen, wobei die Anzahl der komplett durchfahrenen winkelabhängigen Messzyklen für jede Einstellung zwischen sieben und zehn liegt. Unterschieden werden dabei die beiden verschiedenen Ausgangssituationen von 0° bzw. 90° sowie die unterschiedlichen Orientierungen des Dysprosium-Einkristalls. Sowohl für parallele als auch für senkrechte Feldorientierung wird ΔH_x als Mittelwert einer Reihe von Messungen berechnet. Berücksichtigt wurden alle Daten der Messungen beim Winkel 0° bzw. 180° für paralleles Magnetfeld. Entsprechend wurde verfahren für die Winkel 90°

bzw. 270°, wenn in Ausgangsposition das Magnetfeld senkrecht zur Drahtachse stand. Aus den beiden Breiten der Einkristalle ΔH_a, ΔH_c errechnet sich der bezüglich der drei Raumrichtungen gewichtete Mittelwert gemäß:

$$\overline{\Delta H_{a,c}} = \frac{2\Delta H_a + \Delta H_c}{3} \tag{4.5}$$

Darin wird ΔH_a doppelt gewertet, da mit a- sowie b-Achse des hexagonalen Dysprosium gleichermaßen leichte Achsen sind, wohingegen die c-Achse die einzig schwere Achse bildet.

Tabelle 4.1 zeigt deutlich, dass für den Polykristall die Hysterese bei parallel anliegendem Magnetfeld breiter ist als bei senkrechter Stellung. Derselbe Effekt lässt sich in den Werten von ΔH_a erkennen. Im Fall des Polykristalls entspricht das beschriebene Verhalten demjenigen von ΔH aus Abbildung 3.8 (b). Die aus der abgebildeten Kurve von $M^2(H)$ gewonnenen Hysteresebreiten ΔH zeigen entsprechendes Verhalten. Unter Verwendung von Teil (b) der Abbildung 3.9 lässt sich dasselbe für den a-Achsen-Einkristall zeigen.

Daraus wird deutlich, dass die Anisotropie der Magnetisierung $M(H)$ und damit der Magnetostriktion $\lambda(H)$ das anisotrope Verhalten von $G(H)$ bestimmt. Dies bestätigt, dass das beobachtete magnetfeldinduzierte Schalten durch die Magnetostriktion des Dysprosiums verursacht wird. Andere mögliche Ursachen für das Schalten des ferromagnetischen Nanokontaktes wie beispielsweise eine Hysterese der Magnetfeldspule oder strukturelle Veränderungen in der Kontaktkonfiguration werden somit unwahrscheinlich.

Das Verhalten des Einkristalls mit c-Achse in Drahtrichtung lässt sich ebenfalls damit erklären. Die c-Achse ist die magnetisch schwere Achse. Daher sollte im Fall paralleler Feldstellung eine schmälere Hysterese in $G(H)$ zu beobachten sein als bei senkrechtem Magnetfeldeinfall. Wie Tabelle 4.1 zeigt, wird dies auch beobachtet.

In der letzten Spalte der Tabelle sind die gewichteten Mittelwerte der Einkristallmessungen dargestellt, die in etwa denjenigen des Polykristalls entspechen. Es müsste sich (wie bei einer leichten Achse zu erwarten) im parallelen Fall eine breitere Hysterese in $G(H)$ einstellen als bei 90°-Stellung von Magnetfeld und Drahtachse. Tatsächlich liefern die Messdaten dieses Ergebnis.

4.3.2 Statistik der winkelabhängigen Messungen

Alle durchgeführten winkelabhängigen Untersuchungen wurden getrennt nach den verschiedenen untersuchten Proben ausgewertet. Abbildung 4.11 zeigt die erhaltene Statistik sowie den Vergleich mit theoretisch erwarteten Schaltbereichen. Teil (a) der Abbildung zeigt den Fall paralleler Magnetfeldorientierung in der Ausgangsposition, die senkrechte Stellung ist in Teil (b) abgebildet. Die vertikale Achse besitzt zwei Skalen: Links befinden sich die Zahl der Ereignisse. Die rechte Seite repräsentiert die Magnetostriktion, erhalten aus Gleichung (2.11), wobei die Skalierung willkürlich gewählt wurde.

Sofern $\lambda(\alpha) > 0$ in Drahtrichtung gilt, sollte der Kontakt mit steigendem Magnetfeld H schließen (vgl. Abbildung 4.11 (a)). Aus Gleichung (2.11) lassen sich die beiden Winkelbereiche $\alpha \in [305°, 55°]$ und $\alpha \in [125°, 235°]$ errechnen, in denen $\cos^2\alpha < \frac{1}{3}$ und ein Schalten des Kontaktes erfolgen sollte. Im Gegensatz dazu zeigt sich in diesen Bereichen kein Schaltverhalten, wenn $\lambda(\alpha)$ in Drahtrichtung kleiner Null ist. In diesem Fall ist in jenen Bereichen mit Hysteresen zu rechnen, in denen zuvor kein Schalten erfolgte ($\alpha \in [55°, 125°]$ sowie $\alpha \in [235°, 305°]$). Dieser Fall lässt sich durch ein senkrecht zum Draht anliegendes Magnetfeld realisieren (vgl. Abbildung 4.11 (b)). Die theoretisch zu erwartenden Schaltbereiche für den Einkristall mit a-Achse in Drahtrichtung wurden [48] entnommen und sind in Abbildung 4.11 jeweils getrichelt eingezeichnet.

Die Ereignisse des Einkristalls mit a-Achse in Feldrichtung sind durch blaue Balken symbolisiert, diejenigen der c-Achse mit roten Balken. Die Polykristall-Balken besitzen eine schwarze Umrandung um eine weiße Fläche. Für Letztgenannte wird ein Schaltverhalten gefunden, welches einen größeren Winkelbereich abdeckt als dasjenige der Einkristalle (vgl. Teil (b)). Eine Erklärung hierfür ist die in Dysprosium-Einkristallen für Winkel $\alpha > 30°$ berichtete starke Abweichung vom $\cos^2\alpha$-Gesetz. Diese Abweichung lässt sich auf die große magnetokristalline Anisotropie in Dy-Einkristallen zurückführen [48].

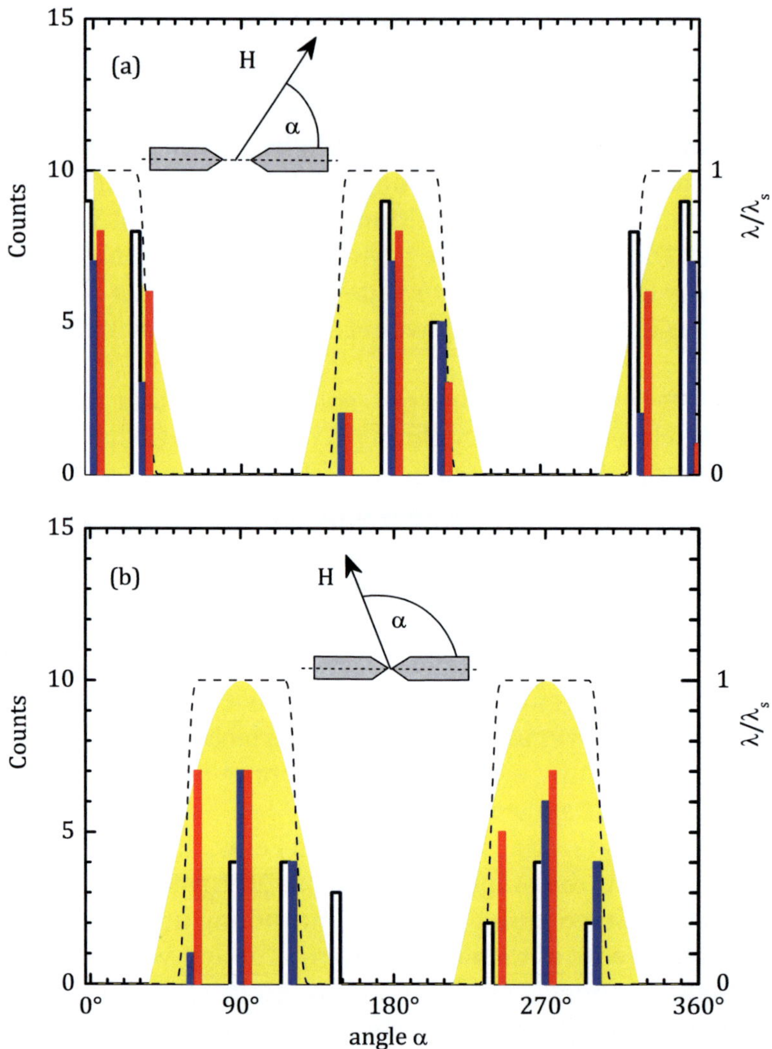

Abbildung 4.11:

(a): Statistik der Messungen mit Startpunkt unter parallel anliegendem Magnetfeld. Messdaten sind für Einkristalle mit a-Achse (blau) bzw. c-Achse (rot) sowie Polykristalle (weiß mit schwarzer Umrandung) durch Balken dargestellt. Schaltverhalten wird für Polykristalle ($\lambda \propto \cos^2 \alpha$, Gleichung (2.11)) im gelb markierten, für a-Achsen-Einkristalle im gestrichelten Bereich [48] erwartet.

(b): Dasselbe wie in Teil (a) mit senkrechtem Feld in der Ausgangssituation.

5 Mechanisches Schalten des Kontakts

Im Folgenden werden Messungen vorgestellt, bei denen der Kontakt mechanisch durch Biegen des Substrates geöffnet und geschlossen wurde. Dabei bezeichnet der Begriff des Schaltvorganges das Durchlaufen des Öffnungssowie des folgenden Schließvorganges der Probe. Dabei reduziert sich der Leitwert zunächst und steigt anschließend wieder an. Sofern nicht anders vermerkt, erfolgt zunächst ein Öffnen des Kontaktes bevor dieser wieder geschlossen wird. Unter dem Begriff „Hub" ist die zum Durchlaufen eines Schaltvorganges benötigte Piezo-Spannung $\Delta V_P = V_P(0) - V_P(20G_0)$ zu verstehen.

5.1 Durch Piezo-Antrieb induzierte Stufen und Plateaus

5.1.1 Leitwertkurven

Um einen Vergleich von magnetfeldinduzierten Leitwertänderungen mit mechanisch induzierten zu erhalten, wurden entsprechnede Messungen durchgeführt. Dabei liegt der Fokus wie bereits bei den magnetfeldinduzierten Messungen auch im mechanischen Fall auf der Beobachtung von Stufen und Plateaus im Bereich geringer Leitwerte. Die in diesem Kapitel gezeigten Messreihen wurden alle durch mechanische Änderung des Kontakts mit dem Piezoantrieb erhalten. Eine weitere Frage ist der Einfluss der Magnetfelder auf den elektronischen Transport durch den Bruchkontakt. Dazu wurde der Kontakt mechanisch bei konstantem äußerem Magnetfeld betätigt.

Abbildung 5.1 zeigt eine Leitwertkurve, aufgenommen an einer polykristallinen Probe. Aufgetragen ist $\frac{G}{G_0}$ gegen die am Piezo anliegende Spannung

V_P. Die Messung erfolgte im Nullfeld, wobei zunächst der Kontakt geschlossen (blaue Kurve) und danach wieder geöffnet (rot) wurde. Der Hub des Schaltvorgangs zwischen $G = 20\,G_0$ und $G = 0$ liegt bei $\Delta V_P \approx 0.4$ V.

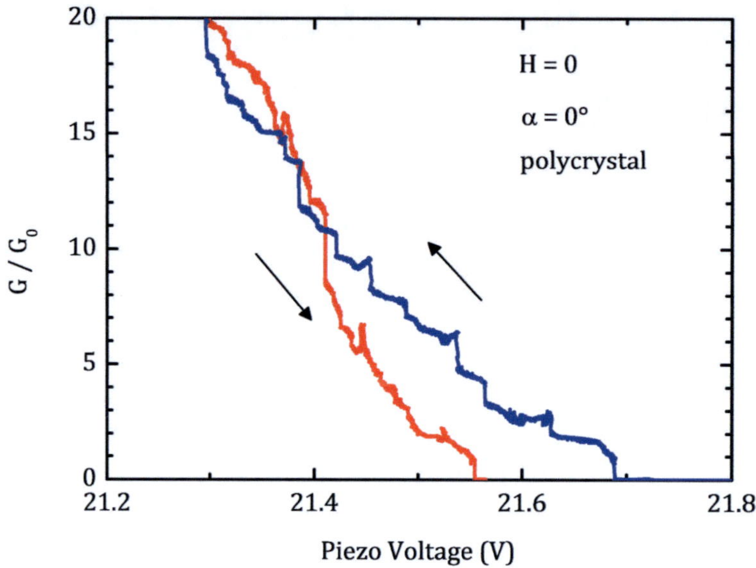

Abbildung 5.1: Mechanisch induzierte Leitwertkurven Polykristall für $H = 0$, Probe # 30082010: Schließen (blaue Kurve) erfolgt vor Öffnen (rot) des Kontakts. Der Hub beträgt $\Delta V_P \approx 0.4$ V.

Abbildung 5.2 stellt zwei ausgewählte Leitwertkurven einer polykristallinen Probe in einem Magnetfeld $\mu_0 H = 1$ T dar, in denen Stufen und Plateaus im Leitwert zu sehen sind. Aufgetragen ist jeweils der Leitwert bezogen auf das Leitwertquant G_0 gegen die am Piezo anliegende Spannung V_P beim Schließen (blaue Kurve) und anschließendem Öffnen. Die Pfeile an den jeweiligen Kurven symbolisieren die Änderung der Spannung am Piezoaktuator. Das Magnetfeld $\mu_0 H = 1$ T war in Abbildung 5.2 (a) parallel zur Drahtachse angelegt. Teil (b) zeigt den Fall senkrechten Magnetfeldeinfalls, wobei der Betrag des Feldes identisch zum parallelen Fall $\mu_0 H = 1$ T ist. Begonnen wird mit Öffnen (rote Kurve) des Kontaktes, gefolgt vom Schließen (blau). Die Leitwertsprünge für Schließen und Öffnen sind ungefähr in denselben Leitwertbereichen zu finden.

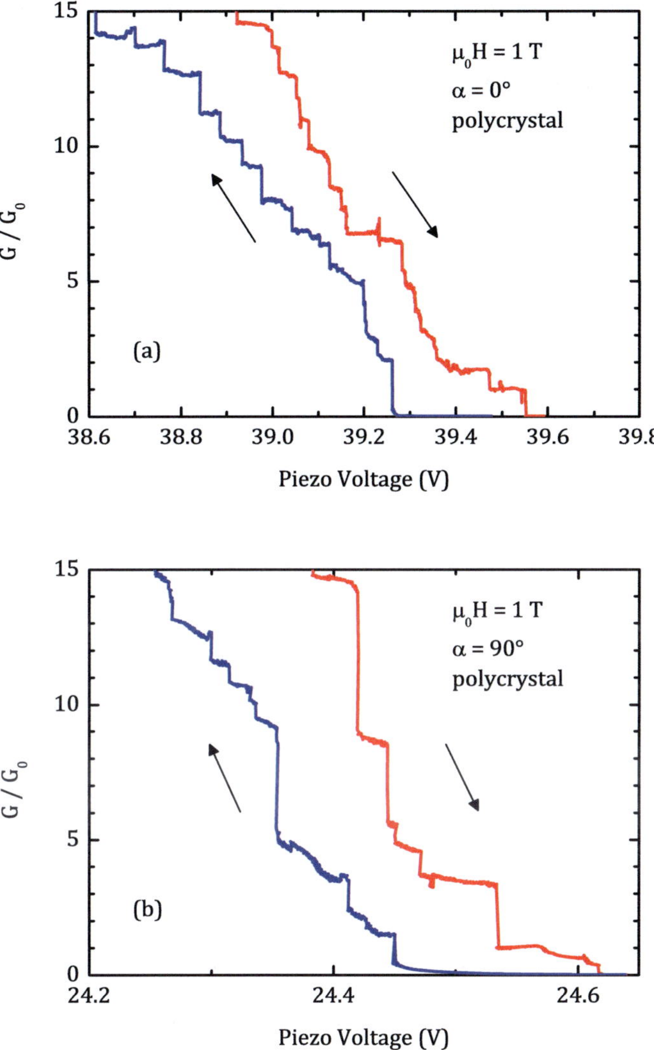

Abbildung 5.2: Mechanisch induzierte Leitwertkurven Polykristall, Proben # 30082010, # 14092010:
(a) Öffnen und Schließen des Kontaktes mit paralleler Magnetfeldeinstellung $\mu_0 H = 1$ T mit einem Hub von $\Delta V_P \approx 1$ V (Probe # 30082010).
(b) Dasselbe wie in Teil (a), mit Magnetfeld senkrecht zur Drahtachse und einem Hub von $\Delta V_P \approx 0.35$ V (Probe # 14092010).

Die Piezospannung, die für einen Schaltvorgang benötigt wird, differiert zwischen den beiden Teilbildern (a) und (b). Im Falle eines parallel anliegenden Magnetfeldes $\mu_0 H = 1$ T beträgt die benötigte Piezospannung knapp 1 V. Dagegen sind für ein senkrecht zur Drahtachse ausgerichtetes Feld gleicher Stärke lediglich $V_P \approx 0.35$ V nötig. Letzterer Wert liegt in der Größenordnung des Hubes aus Abbildung 5.1, wobei der Begriff „Hub" die zum Durchlaufen eines Schaltvorganges benötigte Piezo-Spannung ΔV_P bezeichnet.

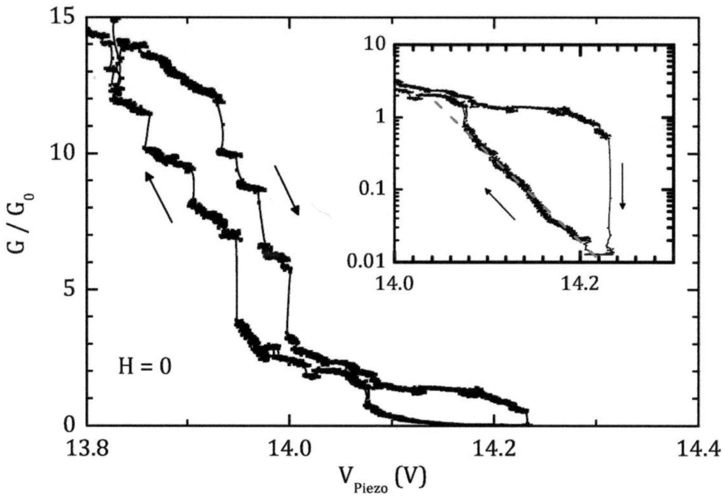

Abbildung 5.3: Gezeigt ist ein mechanisch induzierter Schaltvorgang. Das Inset stellt den Tunnelbereich in halb-logarithmischer Auftragung vergrößert dar, womit die exponentielle Abhängigkeit des Leitwerts von der Spannung V_P deutlich wird.

Abbildung 5.3 zeigt einen ebenfalls an einer polykristallinen Probe gemessenen mechanischen Schaltvorgang. Im Inset ist der Bereich kleiner Leitwerte $G < 1$ G_0 in logarithmischer Auftragung dargestellt. Zu erkennen ist die exponentielle Abhängigkeit des Leitwerts im Tunnelbereich vor Schließen des Kontaktes. Beim Öffnen wird kein Tunneln beobachtet.

Ähnliche Messungen wurden bei Einkristallen durchgeführt, jeweils mit der leichten a-Achse und der schweren c-Achse in Drahtachse. Wie bereits in Kapitel 3.5.2 erwähnt, weist die leichte Achse der Magnetisierung im Gegensatz zu den anderen Achsen bei einem entsprechend hohen Magnetfeld einen Sättigungswert von $M_s = 3 \cdot 10^6 \frac{A}{m}$ auf. Wie im Inset der Abbildung 3.9 (a) zu sehen, erfolgt bereits bei kleinen Magnetfeldern ein starker Anstieg der Magnetisierung, welche sich anschließend allmählich dem Sättigungswert annähert. Bei einem Feld von $\mu_0 H = 0.2$ T befindet man sich bei $M \simeq \frac{2}{3} M_s$.

Abbildung 5.4 zeigt eine Messung im parallel angelegten Magnetfeld der Stärke $\mu_0 H = 0.2$ T an einem a-Achsen-Einkristall. Der zu Beginn geöffnete Kontakt schließt mit sich zurückziehendem Piezoaktuator (blaue Linie). In rot ist die sich direkt anschließende Öffnungskurve zu sehen. Zu erkennen ist, dass die Sprünge im Leitwert in beiden Fällen nahezu in denselben Leitwertbereichen erfolgen.

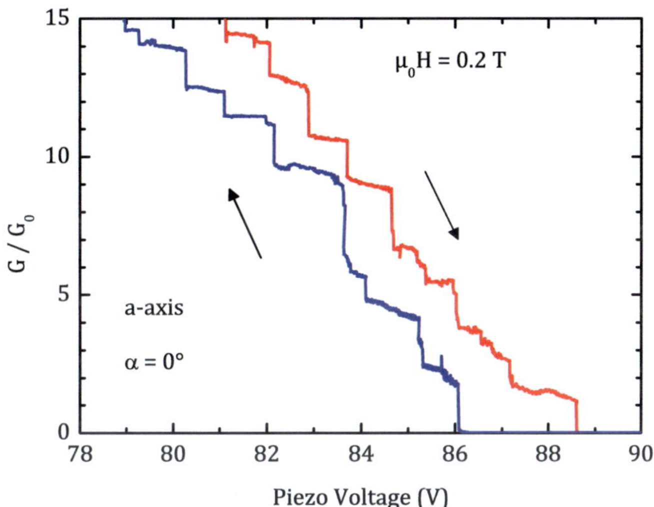

Abbildung 5.4: Mechanisch induzierte Leitwertkurven a-Achse Einkristall, Probe # 19012011: Bei paralleler Stellung von Drahtachse und Magnetfeld $\mu_0 H = 0.2$ T sind diese Stufen in Schließen (blaue Linie) und Öffnen (rot) eines Einkristalls mit a-Achse in Drahtrichtung entstanden.

5.1.2 Statistik der Messungen für mechanisches Schalten

Bereits in Kapitel 4.1 sind Histogramme für magnetfeldinduzierte Leitwertkurven an poly- sowie einkristallinen Dy-Proben gezeigt worden. Das in Abbildung 5.5 dargestellte Histogramm (Binbreite 0.1 G_0) umfasst dagegen Messungen, bei welchen das Schalten rein mechanisch an polykristallinen Proben durchgeführt wurde. Aufgetragen sind wiederum Ereignisse über dem Leitwert G in Einheiten des Leitwertquants G_0. Ebenso sind die zugrundeliegenden Leitwertkurven nach Öffnen (weiße Balken mit schwarzem Rand) und Schließen (rote Balken) getrennt dargestellt. Aufgrund der unterschiedlichen Anzahl an Ereignissen für die verschiedenen Richtungen des Piezoaktuators, sind die Daten des Schließvorganges denjenigen bei Öffnen des Kontaktes angepasst worden, so dass eine gleiche Anzahl an Gesamtpunkten zugrunde liegt. Zu erkennen ist wie schon beim magnetfeldinduzierten Schalten in Kapitel 4.1 ein Unterschied zwischen den beiden Schalt-Richtungen. Bei Öffnen des Kontakts ist ein deutliches Maximum bei $1\,G_0$ zu erkennen, gefolgt von zwei weiteren Maxima bei ~ 1.3 sowie 1.7, welche zusammen ein breites Maximum bilden. Nach einem weiteren, weniger ausgeprägten breiten Maxima bei etwa $3\,G_0$ gibt es außer einem Minimum bei 9.5 keine nennenswerte Struktur. In Bezug auf das Verhalten bei kleinen Leitwerten $G \leq 3\,G_0$ scheint der Schließvorgang um $\sim 1\,G_0$ versetzt zu sein. Es ist ein breites Maximum bei $1.5 - 2$ Leitwertquanten zu sehen, gefolgt von einer weiteren Erhebung bei $3\,G_0$. Im Gegensatz zum Öffnen treten beim Schließen weitere Maxima bei 5.5, 8 sowie $9.5\,G_0$ auf.

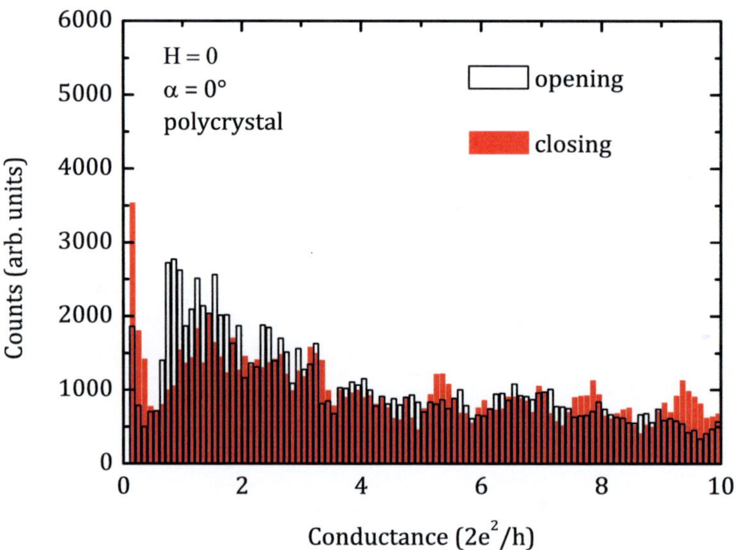

Abbildung 5.5: Histogramm mechanischer Leitwertkurven für $H = 0$: Das gezeigte Histogramm enthält mechanisch induzierte Messungen an polykristallinen Proben im Feld $H = 0$, an denen Stufen und Plateaus gesehen wurden. Getrennt sind die Daten nach Öffnen (weiße Balken mit schwarzem Rand) und Schließen (rote Balken).

Abbildung 5.6 zeigt ebenfalls ein Histogramm polykristalliner Proben, die mechanisch geschaltet wurden, mit einer Binbreite von $0.1\,G_0$. Das dabei verwendete Magnetfeld ist konstant $\mu_0 H = 1$ T und hat somit zunächst keinerlei Einfluss auf die während der Kontaktdehnung verursachten Änderungen im Leitwert. Erneut sind die Ereignisse des Schließens (rote Balken) auf dieselbe Gesamtzahl an Datenpunkten, die dem Öffnen (weiße Balken mit schwarzem Rand) zugrundeliegen, angepasst worden.

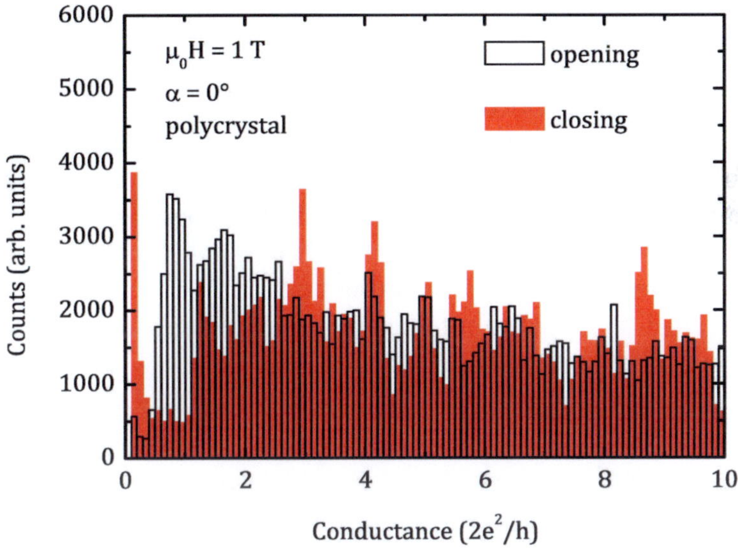

Abbildung 5.6: Dasselbe wie in Abbildung 5.5 für $\mu_0 H = 1$ T.

Ein Unterschied zwischen „Öffnen" und „Schließen" wurde bereits bei den magnetfeldinduzierten Messungen (vgl. Abbildung 4.3 (b)) sowie in Abbildung 5.5 sichtbar. Dieser ist im vorliegenden Histogramm aber deutlicher zu erkennen. Vor allem im Bereich von einem Leitwertquant differieren die beiden Datensätze. Während bei Öffnen des Kontaktes ein ausgeprägtes Maximum bei rund 1 G_0 zu erkennen ist, liegt an derselben Stelle der Schließ-Statistik ein Minimum vor.

Die möglichen Ursachen wurden bereits in Kapitel 4.1 beschrieben. In dem hier vorliegenden Histogramm sind die Schaltvorgänge im Gegensatz zu den bisher gezeigten magnetfeldinduzierten Histogrammen rein mechanischen Ursprungs. Das legt die Vermutung nahe, dass der Unterschied in den Histogrammen alleine durch die Mechanik des Kontakts erklärbar sein sollte.

Ein solcher Erklärungsversuch ist bereits in Kapitel 4.1 gegeben worden und basiert im Wesentlichen auf der Relaxation der beiden Enden nach dem Bruch. Unter Spannung werden sich die beiden Enden so lange zuspitzen, bis der Kontakt aus nur wenigen oder einem einzigen Atom besteht. Daraus resultiert der beobachtete Leitwert $G \approx 1\,G_0$ bei Öffnen des Kontaktes. Nach Abreißen relaxieren die beiden Bruchstücke. Aus dem bei Annäherung anfänglichen Tunnelbereich wird in der Regel ein Kontakt mit Leitwert $G > G_0$ geformt, wodurch sich der Versatz um $1\,G_0$ im Histogramm erklärt.

Dysprosium befindet sich bei der verwendeten Versuchstemperatur von $T = 4.2$ K im ferromagnetischen Zustand, in welchem sich die magnetischen Momente in Domänen anordnen. Die dem Histogramm zugrundeliegenden Daten wurden unter Einfluss eines konstanten Magnetfeldes $\mu_0 H = 1$ T aufgenommen. Somit lässt sich die Möglichkeit nicht ausschließen, dass die verschiedene Ausrichtung der Domänen unter Zugspannung und Druckspannung eine mögliche Ursache ist. Bei Öffnen des Kontaktes werden sich die Domänen entlang der Zugspannung und damit entlang der Drahtachse ausrichten. Nachdem die Probe gebrochen ist, ordnen sich die Domänen neu an, weshalb Schließkurven seltener einen Wert von $1\,G_0$ annehmen.

Auffallend sind neben dem erwähnten Unterschied bei einem G_0 die scharfen Maxima bei Werten von 3, 4 sowie 8.5 G_0 beim Schließen. Weitere weniger ausgeprägte Maxima befinden sich bei 1.5, 2 sowie 5 Leitwertquanten. Die Struktur bei Öffnen des Kontaktes ist nicht so deutlich erkennbar. Neben einem sehr breiten Maximum im Bereich 1 - 3 G_0 befindet sich ein weiterer breiter Bereich bei etwa 6.

Vergleicht man beide mechanisch induzierten Histogramme bei $H = 0$ und $\mu_0 H = 1$ T, so fällt auf, dass in beiden ein Versatz zwischen Öffnen und Schließen zu beobachten ist. Außerdem scheint der Schließvorgang strukturierter zu sein als der beim Öffnen. Beide Histogramme basieren auf Messungen an Polykristallen. Auf eine Erstellung von Histogrammen aus Messungen an Einkristallen wurde mangels ausreichender Statistik verzichtet. Sowohl bei Einkristallen mit a-Achse in Drahtrichtung als auch bei c-Achsen-orientierten Einkristallen lag das Hauptaugenmerk der Untersuchungen nicht auf der Erstellung von Histogrammen. Um für die beiden Einstellungen $\alpha = 0°$ sowie $\alpha = 90°$ zu möglichst vielen Magnetfeldstärken Daten zu erhalten, wurden je Feldstärke nicht genügend Zyklen aufgenommen, um aussagekräftige Histogramme erstellen zu können (vgl. Kapitel 5.2).

5.1.3 Referenzmessung an Yttrium

In den Kapiteln 4.1 sowie 5.1.2 sind jeweils zwei verschiedene Möglichkeiten erwähnt, die das in den Histogrammen auftauchende unterschiedliche Verhalten der Proben bei Öffnen und Schließen des Kontaktes erklären sollen: Zum einen die rein mechanische Verformung, zum anderen durch mechanische Verformung induzierte Domäneneffekte. Um den Beitrag der magnetostriktiven Effekte in Dysprosium genauer zu verstehen, sollte ein unmagnetisches Material mit ähnlichen mechanischen Eigenschaften wie Dysprosium untersucht werden. Diese Eigenschaften erfüllt das Übergangsmetall Yttrium.

Y besitzt ähnliche Eigenschaften in der Duktilität (Elastizitätsmodul E = 66.3 GPa, Schubmodul G = 26.2 GPa [66, 67]) wie das in dieser Arbeit hauptsächlich verwendete Seltenerd-Metall Dysprosium. Beide Elemente weisen zudem eine hexagonale Gitterstruktur auf. Im Gegensatz zu Dy ist Yttrium an Luft beständiger. Y hat keine f-Elektronen, welche bei Dysprosium für die magnetischen Eigenschaften verantwortlich sind, und hat nur ein d-Elektron im Leitungsband [68, 69].

Abbildung 5.7 stellt zwei Leitwertkurven an Yttrium im Nullfeld und für konstantes Feld $\mu_0 H$ = 1 T parallel zur Drahtachse dar. Zur besseren Vergleichbarkeit der beiden Fälle besitzen die horizontalen Achsen jeweils dieselben Längen. Aufgetragen ist G/G_0 gegen die Spannung am Piezo in V. Das Öffnen (rot) erfolgt in beiden Fällen direkt vor dem in blau dargestellten Schließen des Kontaktes. Über den Tunnelbereich vor dem Schließvorgang (vgl. Inset der Abbildung 5.7 (b)) lassen sich die jeweiligen Piezospannungen in ähnlicher Weise wie in Kapitel 4.1.2 in Längenänderungen umrechnen, die auf der oberen Achse gegeben sind.

Zur Berechnung von Δx wird ausgenutzt, dass der Leitwert G im Tunnelbereich exponentiell vom Elektrodenabstand x abhängt (vgl. Kapitel 3.1.2). Analog zu Gleichung (3.2) lässt sich schreiben:

$$G \propto \exp\left(-\frac{V}{\xi_V}\right) \tag{5.1}$$

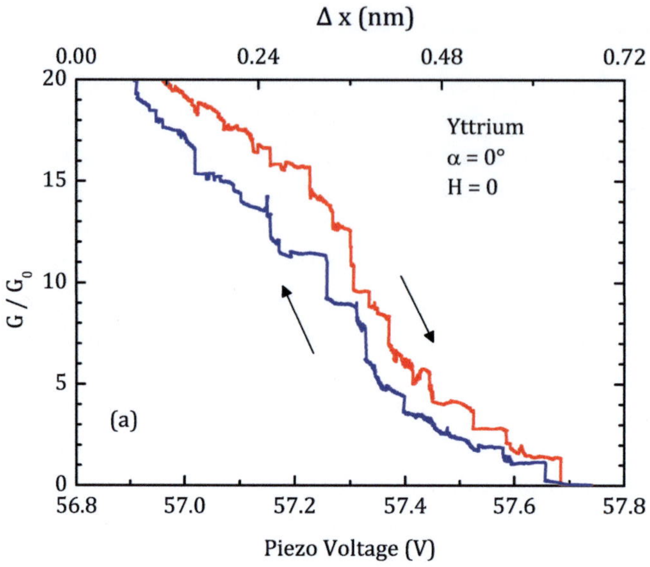

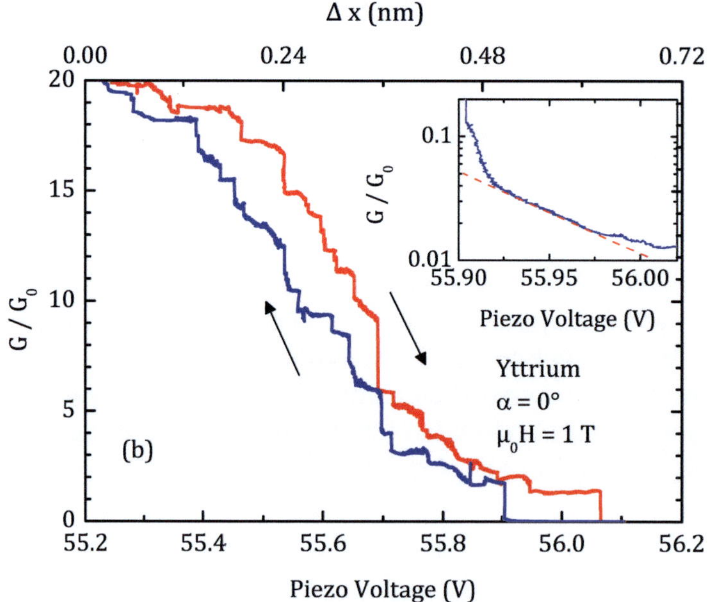

Abbildung 5.7: Messungen für Yttrium mit und ohne Magnetfeld (Probe # 16032011): (a) Öffnen und Schließen des Kontakes im Nullfeld. Die untere Achse zeigt die Piezospannung in V, die obere den Elektrodenabstand aus dem Tunnelstrom in nm.
(b) Dasselbe wie in Teil (a), allerdings in einem parallel zu Drahtachse anliegenden Magnetfeld der Stärke $\mu_0 H = 1$ T. Der Inset zeigt den Tunnelbereich in halb-logarithmischer Auftragung.

Leider ist für Yttrium nicht bekannt, um welchen Wert sich die Austrittsarbeit Φ im flüssigen Helium ändert. Da sich die Austrittsarbeit von reinem Yttrium $\Phi(Y) = 3.1$ eV [70, 71] nur wenig von derjenigen von Dy unterscheidet, wird zur Berechnung $\Delta\Phi_A = 1.9$ eV von Dysprosium verwendet [51]. Zudem ist im folgenden nur der Vergleich der Kalibrationen für $H = 0$ und $\mu_0 H = 1$ T von Bedeutung, wobei die Absolutwerte keine Rolle spielen. Analog zu Kapitel 3.1.2 wird mit der resultierenden Austrittsarbeit $\Phi_{He}(Y) = 5$ eV eine Materialkonstante $\xi_{theo} = 0.437$ Å bestimmt. Mit der in Gleichung (3.2) enthaltenen Abhängigkeit $G \propto \dfrac{x}{\xi_{theo}}$ folgt:

$$\frac{x}{\xi_{theo}} = \frac{V}{\xi_V} \tag{5.2}$$

ξ_V lässt sich bei logarithmischer Auftragung des gemessenen Tunnelbereichs über der am Piezo anliegenden Spannung aus der Geradensteigung ermitteln. Je nach Probe erhält man für eine Spannungsänderung von 1 V am Piezo Längenänderungen des Kontakts im Bereich 6 - 18 Å. Im vorliegenden Fall (vgl. Abbildung 5.7 (b)) entspricht $\Delta V_P = 1$ V für den Schaltvorgang im Feld einer Längenänderung von $\Delta x = 7.20$ Å. Die Kalibration der Nullfeldmessung ergibt $\Delta x = 7.16$ Å. Im Rahmen der Genauigkeit einer solchen Kalibration kann in beiden Fällen $\Delta x \approx 7.2$ Å angenommen werden kann. Ebenfalls wird deutlich, dass sich keinerlei Veränderung im Hub unter Feldeinfluss einstellt. Sowohl mit als auch ohne parallel anliegendes Feld erhält man einen Hub von etwa 0.8 V für eine Änderung von $\dfrac{G}{G_0} = 20$ auf Null, was in beiden Fällen einer Längenänderung des Kontaktes von 5.76 Å entspricht. Der in den Kapiteln 5.1.1 sowie 5.2 beobachtete Effekt der Hubveränderung unter Einfluss konstanter Magnetfelder wird in Kapitel 5.2.4 den magnetostriktiven bzw. magnetoelastischen Eigenschaften von Dysprosium zugeschrieben. Möglich wäre aber auch, dass es sich um apparaturbedingte Effekte handelt. Dabei könnte sich beispielsweise das Magnetfeld derart auf den Piezoaktuator auswirken, dass dessen Vorschub dadurch beeinträchtigt wird. Die Messungen an Yttrium zeigen aber, dass es sich bei der Hubverlängerung im Falles des ferromagnetischen Dysprosium um einen reinen Probeneffekt handelt. Die Beobachtung unveränderter Hublängen bei dem nichtmagnetischen Matierial Yttrium untermauert außerdem die in Kapitel 5.2.4 angestellte Überlegung.

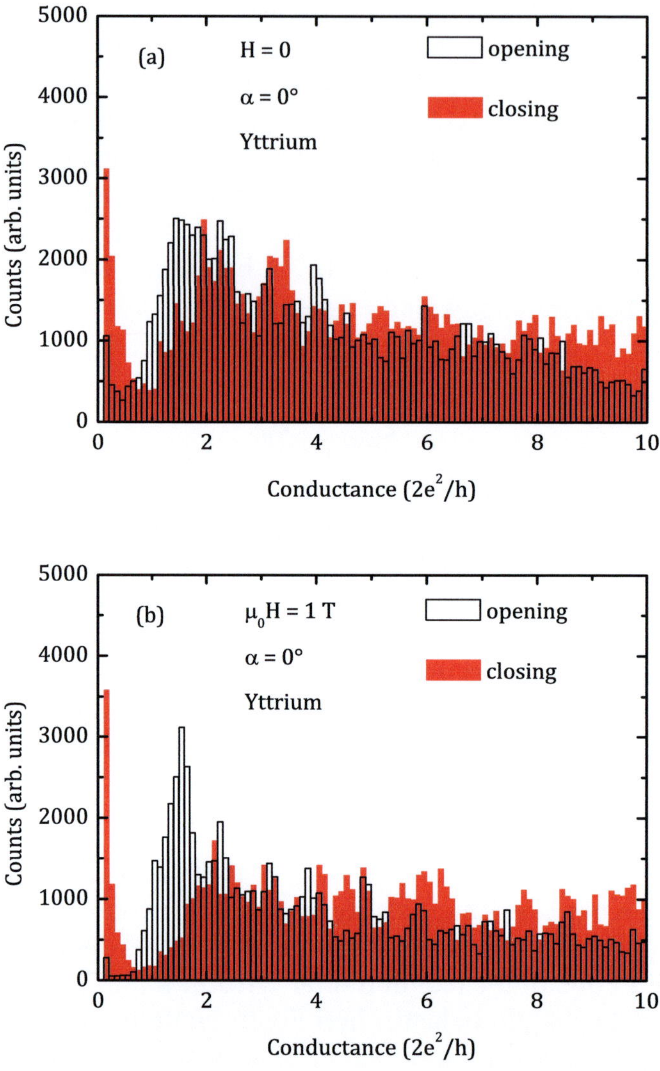

Abbildung 5.8: Histogramme mechanisches Schalten Yttrium: Teil (a) zeigt Messungen an Yttrium im Nullfeld, Teil (b) solche unter konstantem Magnetfeld der Stärke $\mu_0 H = 1$ T. Öffnen (weiße Balken mit schwarzem Rand), Schließen (rote Balken).

Abbildung 5.8 zeigt zwei aus Messungen an Yttrium erstellte Histogramme. Das Messverfahren für die zur Histogrammerstellung benötigten Abhängigkeiten $G(V)$ entspricht demjenigen des bei Dysprosium angewandten. Einbezogen wurden alle mechanischen Schaltvorgänge im Nullfeld (Teil (a)) und mit parallel zur Drahtachse ausgerichtetem Feld $\mu_0 H = 1$ T (Teil (b) der Abbildung 5.8. Erneut sind die Daten für Öffnen bzw. Schließen getrennt behandelt.

Ein Unterschied der beiden Schaltrichtungen ist in beiden Fällen erkennbar. In Teil (a) besitzt der Öffnungsvorgang ein aufgespaltetes Maximum bei 1.5 bzw. 2.5 G_0 und damit ein breites Maximum. Weitere Erhebungen befinden sich bei 3, 4 sowie 6 G_0. Einem steilen Abfall bei Leitwerten knapp über Null folgt beim Schließen des Kontaktes ein Minimum bei 1 G_0. Das erste Maximum befindet sich bei 2 Leitwertquanten, gefolgt von einem weiteren bei 3.5. Anschließend folgt ein Bereich ohne nennenswerte Kontur.

Deutlicher ist der Unterschied zwischen den beiden Richtungen Öffnen und Schließen in Teil (b) zu sehen. Der Schließvorgang ähnelt demjenigen der Nullfeldmessung: Ausgehen von einem steilen Abfall bei kleinen Leitwerten tritt ein Minimum bei 1 G_0 auf, welchem sich ein Maximum bei 2 G_0 folgt. Bei Öffnen des Kontaktes liegt ein deutlich ausgeprägtes Maximum bei 1.5 G_0 vor. Dieser Versatz in den Histogrammen bei einem Leitwertquant wurde bereits bei Dysprosium (vgl. Kapitel 4.1 sowie 5.1.2) beobachtet. Da es sich bei Yttrium um ein nichtmagnetisches Material handelt, ist damit die Vermutung, der Versatz zwischen Öffnen und Schließen könne anhand der magnetischen Konfiguration der Domänen erklärt werden (vgl. Kapitel 4.1), widerlegt.

Vielmehr wird damit als mögliche Ursache für den Versatz eine rein auf der Mechanik der MCBJ basierende Erklärung:

Dass das letzte Öffnungs-Plateau den Wert von 1 Leitwertquant annimmt, erklärt sich mit der Biegung des Kontaktes. Während der Stempel sich vorwärts bewegt, wird der Probendraht immer weiter plastisch gedehnt. Dadurch wird er auch immer dünner. Kurz vor dem Bruch stehen sich zwei direkt aneinanderliegende Spitzen gegenüber. Zuletzt ist der Zusammenhang zwischen beiden nur noch ein einatomarer Kontakt. Dieser liefert das beobachtete Leitwertquant, bevor ein abruptes Auseinanderreißen der beiden Spitzen erfolgt. Somit springt der Leitwert von 1 G_0 plötzlich auf einen Leitwert nahe Null. Dieser Bruch wird durch die mechanische Spannung am Kontakt verursacht und führt dazu, dass sich die beiden Elektroden zunächst weit voneinander entfernen. Zudem werden die zuvor noch exakt spitzen Enden etwas relaxieren, was ein Abstumpfen zur Folge hat.

Nähert man nun durch Änderung der Sweeprichtung des Piezoaktuators die beiden Enden einander wieder an, so sollte zunächst ein exponentieller Anstieg des Stromes zu beobachten sein. Aus diesem anfänglichen Tunnelbereich heraus bildet sich direkt ein Kontakt. Da die beiden Enden etwas relaxiert sind, ist der erste Kontakt in der Regel nicht durch ein einzelnes Atom gebildet und ist daher nicht bei einem Leitwertquant zu finden, sondern bei Werten $G > G_0$.

Dadurch lässt sich das unterschiedliche Verhalten des Bruchkontaktes bei Öffnen und Schließen zumindest plausibel machen. Zudem wird damit ein bereits aus früheren Experimenten berichtetes unterschiedliches Verhalten mechanischer Deformationen bestätigt [59].

5.2 Einfluss des Magnetfeldes auf die Kontaktform

5.2.1 Trainieren des Kontakts

Die Abbildungen (5.9) bis (5.10) zeigen Leitwertkurven, die innerhalb eines Tages an einer polykristallinen Dy-Probe aufgenommen wurden. Bei allen Teilbildern lag ein Magnetfeld $\mu_0 H = 1$ T parallel zur Drahtachse an. Dabei entspricht die Anordnung der Bilder der zeitlichen Abfolge der Messung. Die dargestellte Probe ist exemplarisch ausgewählt, um einen Effekt zu zeigen, der in der Regel auftritt. Der erste vollständig durchlaufene Leitwertzyklus von $G = 20\ G_0$ auf $G = 0$ und zurück einer Messung nach Abkühlen der Probe erfordert den größten Piezospannungs-Hub. In den folgenden Zyklen nimmt die zum Durchfahren eines vollständigen Schaltvorganges benötigte Spannung kontinuierlich bis zu einem „Gleichgewichtswert" ab.

Im gezeigten Beispiel besitzt der Zyklus #03 in Teil (a) der Abbildung 5.9 einen Hub von etwa $\Delta V_P \approx 1.25$ V. Bei Durchgang #06 wird eine Piezospannung von $\Delta V_P \approx 1.1$ V benötigt. Die beiden folgenden Zyklen, dargestellt in Abbildung 5.10 (c) und (d), liegen beide im Bereich von 0.8 V für einen komplett durchfahrenen Leitwertzyklus. Diese Beobachtung wird in Kapitel 5.3 genauer untersucht.

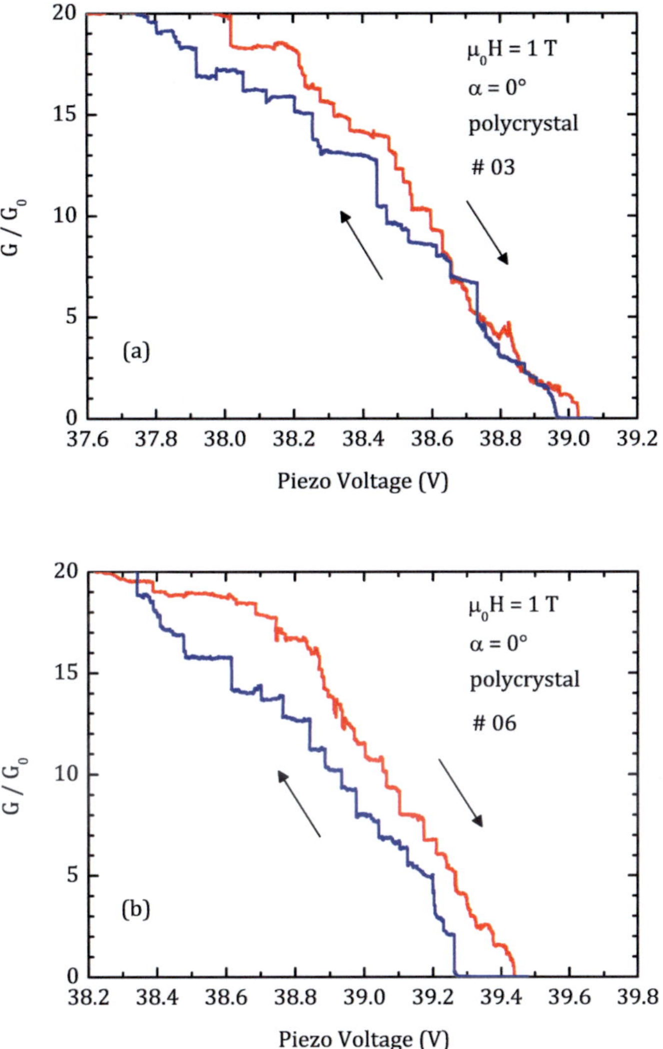

Abbildung 5.9: Training eines polykristallinen Kontakts für $\mu_0 H$ = 1 T (Probe # 30082010): An einem Tag aufgenommene Leitwertzyklen, wobei Teil in (a) Zyklus # 03 und in (b) # 06 dargestellt ist.

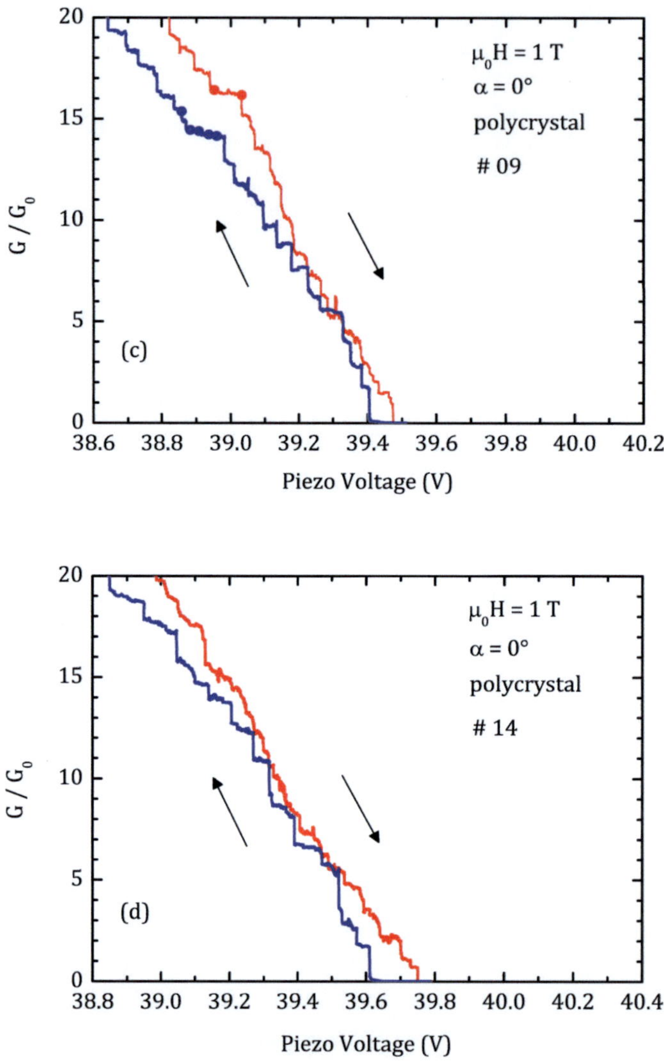

Abbildung 5.10: Dasselbe wie in Abbildung 5.9 mit den Zyklen # 09 (vgl. Teil (c)) sowie # 14 in Teil (d).

Poly	$H = 0$	#	02	05	07	10
	$\alpha = 0°$	ΔV_P (V)	1.0	0.9	0.75	0.75
Poly	$\mu_0 H = 1$ T	#	03	07	10	15
	$\alpha = 90°$	ΔV_P (V)	1.4	1.25	0.8	0.75
a-Achse	$H = 0$	#	00	01	04	05
	$\alpha = 0°$	ΔV_P (V)	1.05	0.9	0.85	0.85
c-Achse	$H = 0$	#	00	01	03	04
	$\alpha = 0°$	ΔV_P (V)	1.4	0.65	0.45	0.45

Tabelle 5.1: Beispiele für den Trainierungs-Effekt (Proben #05102010, #14092010, #19012011, #27012011)

Weitere Beispiele für den Trainierungs-Effekt sind Tabelle 5.1 dargestellt. In allen Fällen nimmt die zum Durchfahren eines kompletten Leitwertzyklus notwendige Piezospannung ΔV_P kontinuierlich ab, bis sich nach einer gewissen Anzahl von Zyklen eine stabile Hublänge eingestellt hat. Diese zur Bildung des „Gleichgewichtswerts" benötigte Anzahl an Zyklen ist für jede Probe eine andere.

5.2.2 Hublänge

In Kapitel 5.2.1 wurde die Veränderung der Hublänge, d.h. die zur Änderung von $G = 20\,G_0$ auf $G = 0$ und zurück notwendige Änderung der Piezospannung, mit der Zahl der durchlaufenen Zyklen in Verbindung gebracht: Zu Beginn eines Messtages sind die Hublängen größer als nach Durchlaufen von einigen Zyklen. Wie vorher erwähnt, stellt sich ab einer gewissen Anzahl an Leitwertmessungen ein Gleichgewicht ein, in welchem die Hublängen als stabil angesehen werden können. Der in diesem Kapitel dargestellte Effekt der Hublängenveränderung im Magnetfeld bezieht sich stets auf Messungen nach vielen Zyklen, so dass der Trainierungseffekt ausgeschlossen werden kann.

Abbildung 5.11 zeigt zwei Leitwertzyklen, aufgenommen an einem Einkristall mit der leichten Magnetisierungsachse a in Drahtrichtung. Die Kurve des Teilbilds (a) ist ohne Magnetfeld entstanden, diejenige in Teil (b) in einem konstanten Feld der Stärke $\mu_0 H = 0.2$ T. Um beide Bilder besser vergleichen zu können, entsprechen sich die Längenverhältnisse der Abszissen. Aufgetragen ist jeweils der Leitwert bezogen auf das Leitwertquant G_0. Die untere Abszisse repräsentiert die am Piezo anliegende Spannung in V, die obere die entsprechende Längenänderung des Kontaktes Δx in nm. In analoger Weise zur Ermittlung in Kapitel 5.1.3 liefert die Kalibration im vorliegenden Fall für $\Delta V_P = 1$ V eine Längenänderung von $\Delta x = 7.29$ Å.

In beiden Bildern sind jeweils die Kurven für Öffnen in rot, diejenige des Schließvorganges in blau dargestellt. Im Fall ohne Magnetfeld (Teil (a) der Abbildung 5.11) wird für den kompletten Schaltvorgang eine Spannung von 0.6 V benötigt, was etwa einer Längenänderung von 4.4 Å entspricht. Wie Teil (b) zeigt, ist in einem parallel zur Drahtachse ausgerichteten Magnetfeld die zum Durchlaufen eines Zyklus benötigte Spannung mit rund 1.1 V deutlich größer. Liegt das Magnetfeld senkrecht zur Drahtachse an, so ist kaum eine Änderung der zum Durchlaufen eines Schaltvorganges benötigten Piezo-Spannung ΔV_P auszumachen. Diese Beobachtung ist nicht auf dieses Beispiel beschränkt, sondern lässt sich in ähnlicher Weise an anderen Proben beobachten. Dabei wirkt sich die Stärke des Magnetfeldes auf die zum Durchlaufen des kompletten Schaltvorganges $\Delta G(V) = |\ 20G_0\ |$ benötigte Spannung aus.

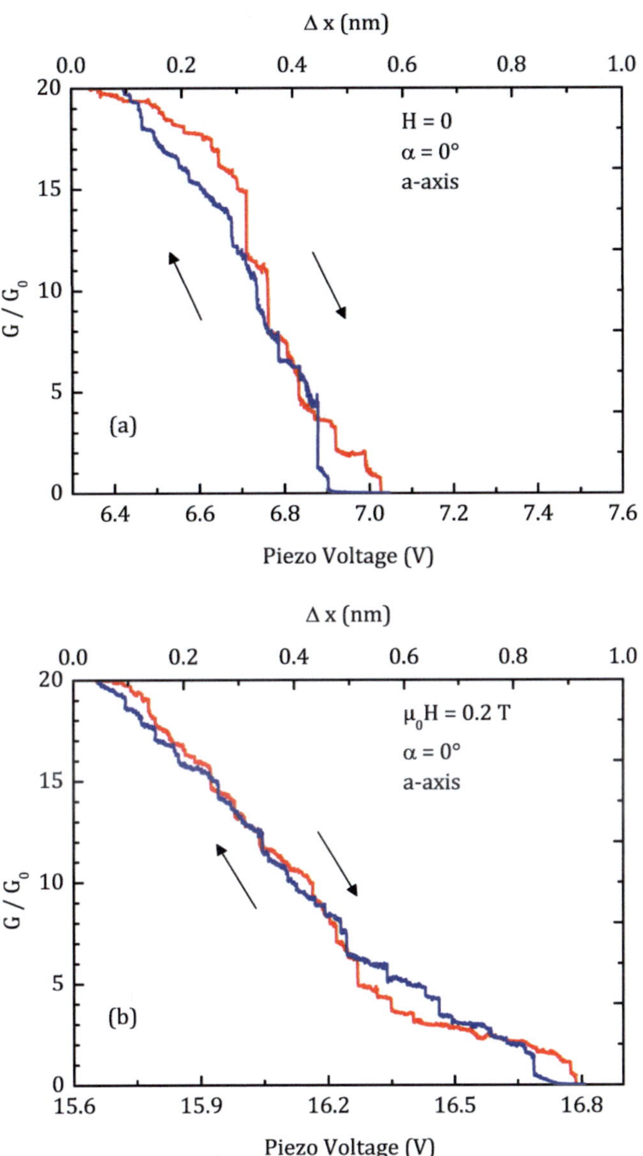

Abbildung 5.11: Hub-Veränderung unter Magnetfeldeinfluss (Probe # 19012011): Teilbild (a) zeigt Öffnen und Schließen des Kontaktes eines a-Achsen-Einkristalls im Nullfeld, in Teil (b) ist derselbe Vorgang in einem parallel zur Drahtachse orientierten Magnetfeld $\mu_0 H$ = 0.2 T zu sehen. Die untere Achse stellt die am Piezo anliegende Spannung in V dar, die obere Achse den daraus resultierenden Elektrodenabstand Δx in nm.

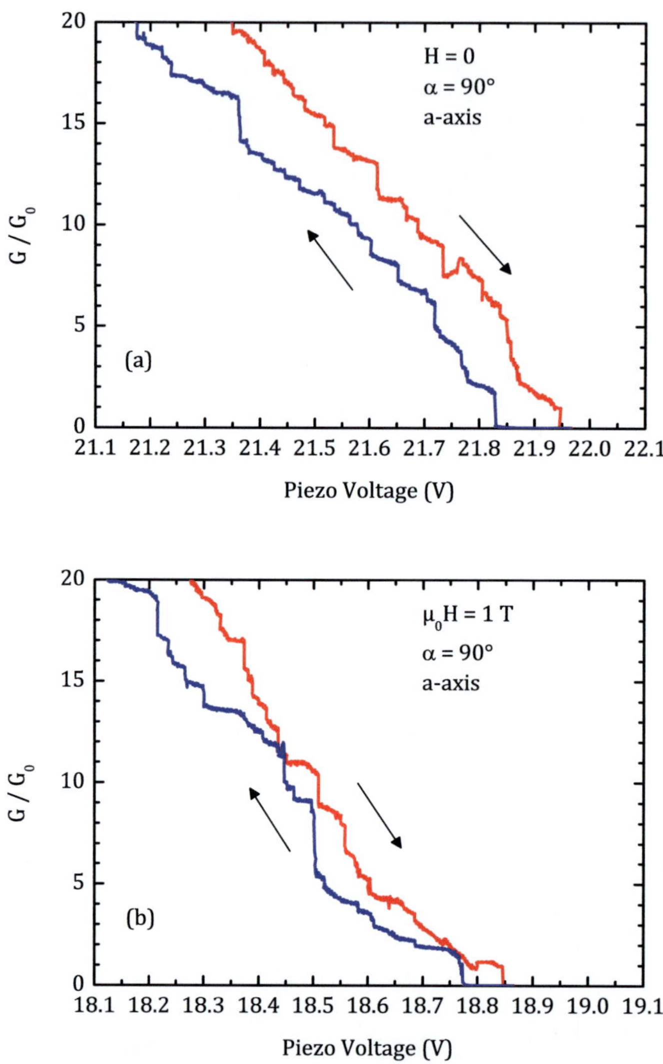

Abbildung 5.12: Hub-Veränderung unter Magnetfeldeinfluss eines a-Achsen-orientierten Einkristalls (Probe # 19012011): Schaltvorgang im Nullfeld (a) und in einem senkrecht zur Drahtachse orientierten Magnetfeld $\mu_0 H$ = 1 T (b).

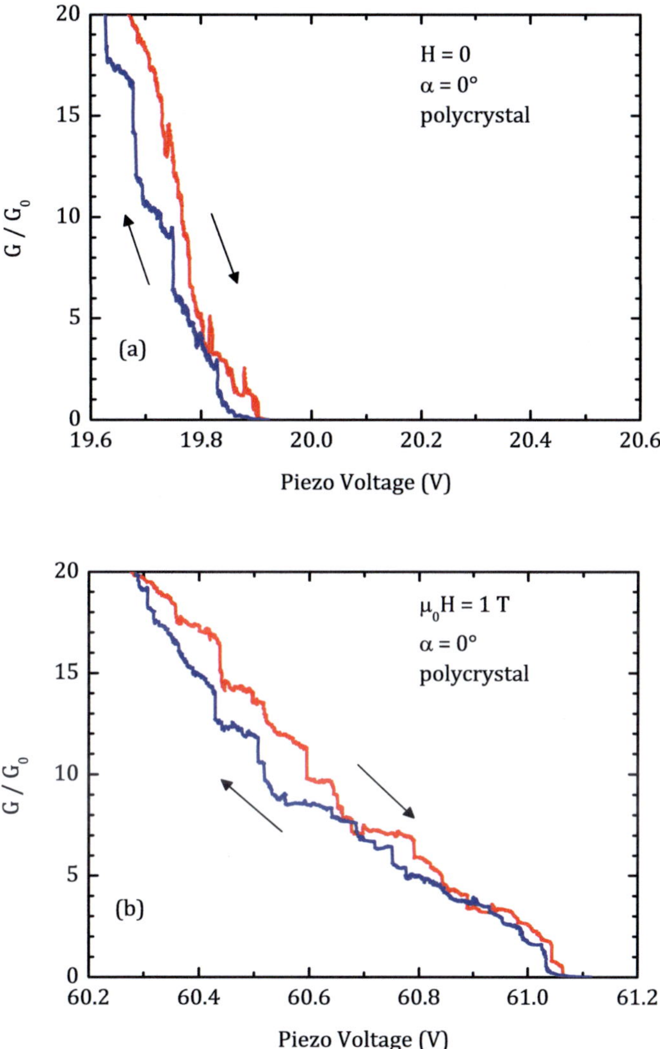

Abbildung 5.13: Hub-Veränderung unter Magnetfeldeinfluss eines Polykristalls (Probe # 30082010): Teilbild (a) zeigt Öffnen und Schließen des Kontaktes im Nullfeld, in Teil (b) ist derselbe Vorgang in einem parallel zur Drahtachse orientierten Magnetfeld $\mu_0 H = 1$ T zu sehen.

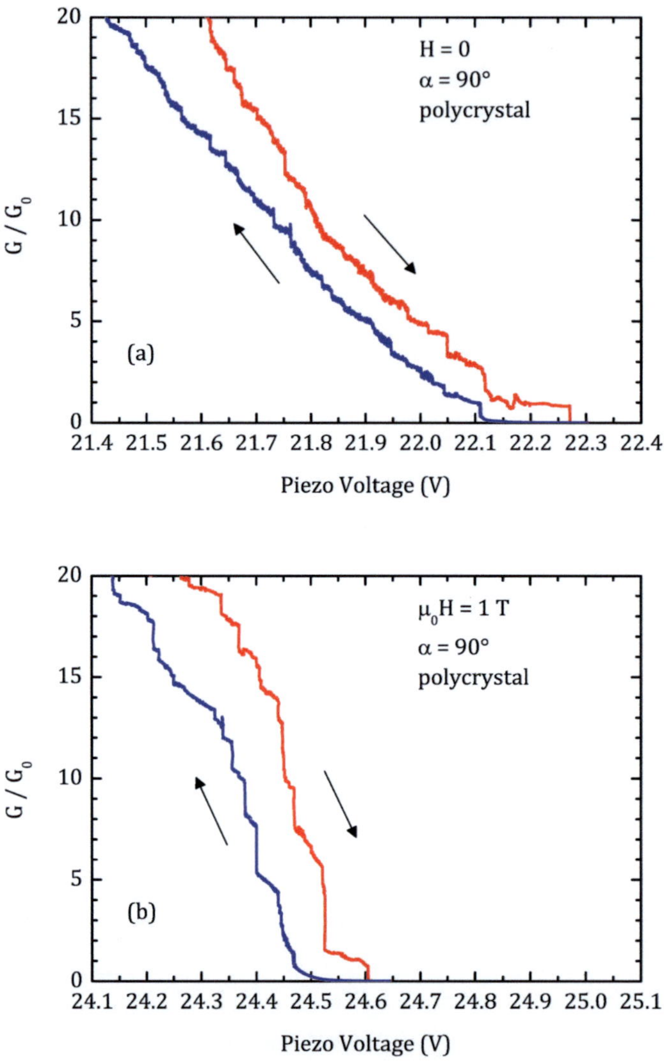

Abbildung 5.14: Hub-Veränderung unter Magnetfeldeinfluss eines Polykristalls (Probe # 14092010): Schaltvorgang eines Polykristalls im Nullfeld (a) und in einem senkrecht zur Drahtachse orientierten Magnetfeld $\mu_0 H = 1$ T (b).

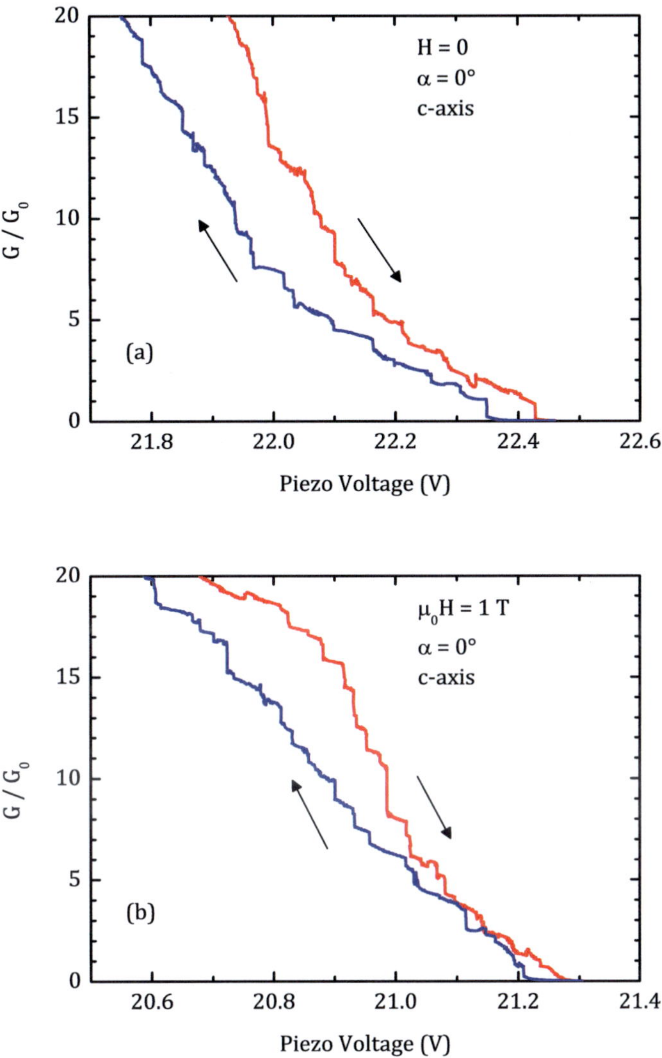

Abbildung 5.15: Hub-Veränderung unter Magnetfeldeinfluss eines c-Achsen-orientierten Einkristalls (Probe # 29012011): Schaltvorgang im Nullfeld (a) und in einem parallel zur Drahtachse orientierten Magnetfeld $\mu_0 H = 1$ T (b).

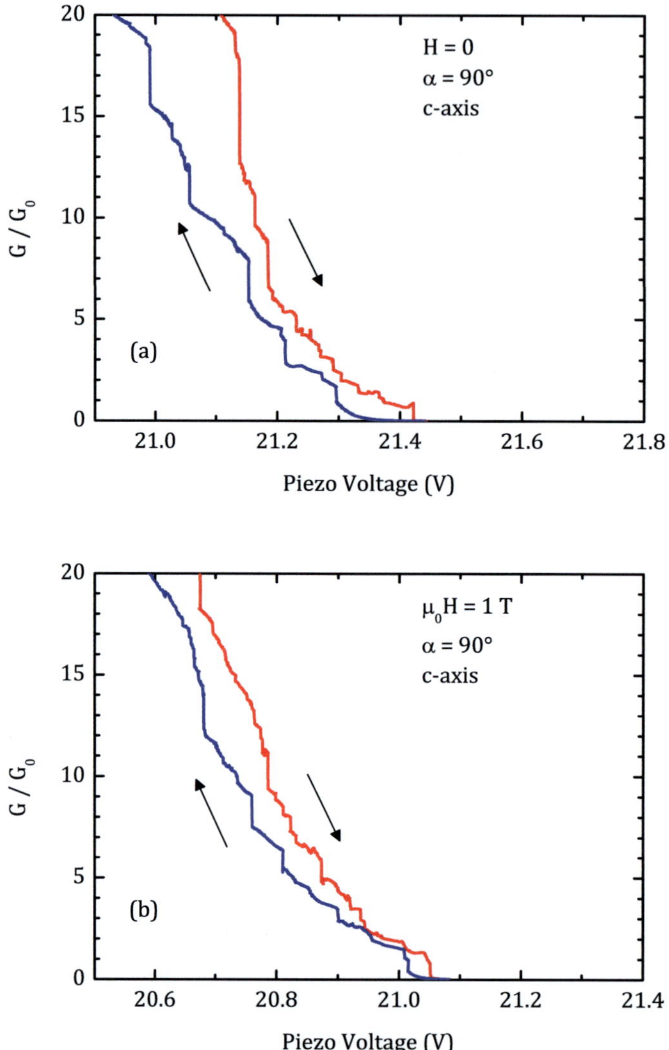

Abbildung 5.16: Hub-Veränderung unter Magnetfeldeinfluss eines *c*-Achsen-orientierten Einkristalls (Probe # 01022011): Schaltvorgang im Nullfeld (a) und in einem senkrecht orientierten Magnetfeld $\mu_0 H = 1$ T (b).

Ein weiteres Beispiel für die Hubveränderung im Magnetfeld ist in den Abbildungen (5.13) und (5.14) gezeigt. Wiederum besitzen die Achsen für beide Einstellungen von α zur besseren Vergleichbarkeit dieselbe Länge. Abbildung 5.13 (a) zeigt eine Messung an einer polykristallinen Probe ohne Feld, wobei Öffnen in rot, Schließen in blau dargestellt ist. Dabei erstreckt sich der komplette Schaltvorgang über einen Piezospannungsbereich von $\Delta V_P \approx 0.3$ V. Wird dieselbe Probe unter $\mu_0 H = 1$ T gemessen, so verlängert sich der Hub $\Delta V_P \approx 0.8$ V (vgl. Teil (b)). Für senkrecht ausgerichtetes Magnetfeld reduziert sich die benötigte Piezospannung ΔV_P von rund 0.7 V im Nullfeld auf etwa 0.35 V bei einer Magnetfeldstärke $\mu_0 H = 1$ T (vgl. Abbildung 5.14). Dies ist der inverse Effekt des parallel zur Drahtachse ausgerichteten Feldes. Für Einkristalle der c-Achse konnte kein Effekt ausgemacht werden. Die Abbildungen (5.15) und (5.16) zeigt Schaltvorgänge im Nullfeld (a) und im parallel sowie senkrecht (b) zur Drahtachse ausgerichtetem Feld der Stärke $\mu_0 H = 1$ T. Die zum Schalten des Kontaktes benötigte Piezospannung unterscheidet sich innerhalb der jeweiligen Konfigurationen α kaum. Für $\alpha = 0°$ liegt ΔV_P sowohl im Nullfeld als auch bei $\mu_0 H = 1$ T bei rund 0.6 V. Für den senkrechten Fall beträgt ΔV_P beide male ≈ 0.4 V. Der Unterschied zwischen den Konfigurationen $\alpha = 0°$ und $\alpha = 90°$ liegt darin, dass es sich um zwei verschiedene Proben handelt.

5.2.3 Vergleich der Hublängen

Der Einfluss von Magnetfeldern auf den Hub der Leitwertkurven wird im Folgenden genauer besprochen. Tabelle 5.2 gibt die untersuchten Daten von Polykristall sowie den beiden Einkristallen mit a- bzw. c-Achse in Drahtrichtung wieder. Zu den in der ersten Spalte aufgeführten Feldstärken sind die dabei beobachteten Hublängen ΔV_z in V angegeben. Der Index z besagt, um welche Art von Probe es sich handelt. Verwendet wurden zehn polykristalline Leitwertzyklen sowie sechs Zyklen der a-Achsen-orientierten Proben. Proben mit der magnetisch schweren c-Achse in Drahtrichtung waren schwierig zu handhaben, weshalb nur zwei Zyklen verwendet werden konnten (vgl. unten). Sowohl für den Polykristall wie auch für die a-Achse des Einkristalls lassen sich deutlich geringere Abhängigkeiten in $G(V)$ mit steigender Feldstärke beobachten. Dabei nehmen die daraus resultierenden Hub-Werte im ersteren Fall von ~ 0.3 V im Nullfeld auf etwas mehr als 1.2 V im konstanten Magnetfeld $\mu_0 H = 1$ T zu. Im Falle der a-Achse muss ein

Hub von 1.2 V bereits $\mu_0 H = 0.2$ T aufgewendet werden. ΔV_a für $\mu_0 H = 1$ T wurde der Hub so groß, dass der Piezovorschub nicht ausreichte, um die Probe von $G = 20\,G_0$ auf $G = 0$ zu schalten.

Das Verhalten des Einkristalls bei Orientierung des Feldes entlang der magnetisch schweren c-Achse ist nicht so eindeutig. Trotz intensiver Bemühungen ist es nicht gelungen, eine Probe zu erhalten, welche ein stabiles Verhalten zeigt. In der Regel sind die beobachteten Hublängen starken Schwankungen des Hubes unterworfen. Daher lässt sich über deren Verhalten keine Aussage treffen. Im Beispiel in Tabelle 5.2 ist der Hub ΔV_c bei steigender Feldstärke zunächst verkürzt. Wird allerdings das Feld weiter erhöht, so zeigt sich eine Zunahme des Hubs.

Magnetfeld (T)	ΔV_{Poly} (V)	ΔV_a (V)	ΔV_c (V)
0	0.280 ± 0.027	0.537 ± 0.063	0.434 ± 0.156
0.1	-	0.800 ± 0.050	-
0.2	-	1.263 ± 0.103	0.385 ± 0.184
1	1.220 ± 0.155	-	0.680 ± 0.485

Tabelle 5.2: Auswirkung paralleler Magnetfelder auf den Hub von $G(V)$

Zusätzlich zu diesem uneinheitlichen Verhalten von $\Delta V_c(H)$ sind die beobachteten Hublängen starken Schwankungen unterworfen. Da letztere sowohl im Nullfeld als auch für $H > 0$ auftreten, wird die Ursache in den mechanischen Eigenschaften vermutet. Die hexagonalen Seltenen Erden besitzen ein Gleitsystem $(0001)[11\bar{2}0]$ (vgl. Abbildung 5.17) [72]. Plastische Verformungen werden unter anderem durch Versetzungsgleiten verursacht. Dieses ist entlang der a-Achse möglich, nicht jedoch entlang der c-Achse. Im Fall der a-Achse ist somit leichte Verformung möglich, weshalb stabile Konfigurationen beobachtet werden können. Entlang der c-Achse sind die Verformungen kompliziert und können mehrere mögliche Konfigurationen bilden.

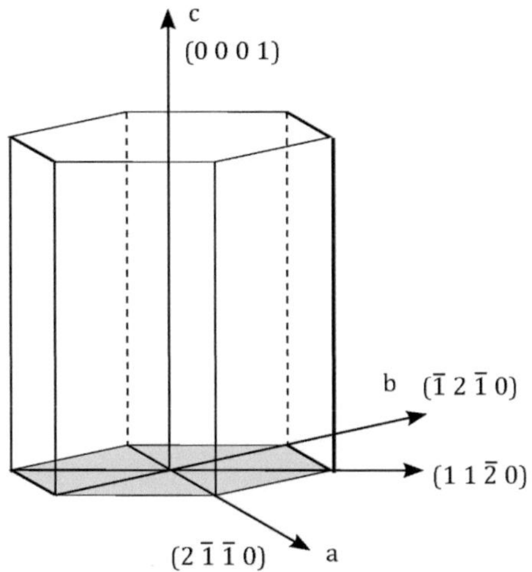

Abbildung 5.17: Gleitsystem (0001)[11$\bar{2}$0] in Dysprosium: Die grau schraffierte (0001)-Ebene gleitet in [11$\bar{2}$0]-Richtung ab.

Für den Fall des senkrecht zur Drahtachse ausgerichteten Magnetfeldes ist das Stabilitätsverhalten der Kontakte ähnlich wie in paralleler Konfiguration (vgl. Tabelle 5.3). Die Daten der c-Achse sind starken Schwankungen unterworfen, diejenigen von Polykristall und Einkristall a-Achse dagegen stabil und reproduzierbar.

Magnetfeld (T)	ΔV_{Poly} (V)	ΔV_a (V)	ΔV_c (V)
0	0.806 ± 0.046	0.738 ± 0.063	0.494 ± 0.345
0.1	-	0.660 ± 0.055	-
0.2	-	0.488 ± 0.052	0.337 ± 0.058
1	0.578 ± 0.026	-	0.387 ± 0.033

Tabelle 5.3: Auswirkung senkrechter Magnetfelder auf den Hub von $G(V)$

Im Gegensatz zum parallelen Einfall wirkt sich das Feld verkürzend auf den Hub aus. Im Falle des Polykristalls nimmt die Hublänge ausgehend von einem Wert 0.806 V im Nullfeld nach Einfahren eines Feldes $\mu_0 H = 1$ T auf nahezu 70 % des Ausgangswertes ab. Ähnliches Verhalten gilt für den

Fall der a-Achse in Drahtrichtung. Im Nullfeld ist ein Hub von 0.738 V zu verzeichnen, welcher sich unter senkrecht einfallendem Magnetfeld $\mu_0 H =$ 0.1 T zunächst etwas verkürzt. Bei weiterer Feldsteigerung nimmt der Effekt weiter zu. An der dargestellten Probe wurden keine Messungen für $\mu_0 H =$ 1 T durchgeführt. Solche Messungen erfolgten an einer anderen Probe, so dass ein Vergleich mit den in Tabelle 5.3 dargestellten Daten nicht sinnvoll ist.

5.2.4 Interpretation

Das in den Kapiteln 5.2.2 und 5.2.3 beschriebene Verhalten der Hubveränderung unter Magnetfeldeinfluss lässt sich nicht direkt mit dem Effekt der Magnetostriktion erklären. Zwar werden zum Erreichen derselben Magnetisierung bei der leichten Achse des Einkristalls geringere äußere Felder benötigt als beim Polykristall (vgl. Abbildungen (3.8) bis (3.9)), jedoch schlägt sich dies nicht im Hub von $G(V)$ nieder. Die bei mechanischen Messungen verwendeten konstanten Magnetfelder werden bei still stehendem Piezoaktuator eingefahren. Dadurch dehnt sich im Falle paralleler Feldausrichtung die Probe in Drahtrichtung aus, wodurch G ansteigt. Zur Einstellung eines Kontakts mit Startwert von 20 G_0 muss somit im parallel anliegenden Feld eine größere Spannung am Piezo anliegen als ohne Feld. Diesen Einfluss der Magnetostriktion verdeutlicht Abbildung 5.18. Der grau dargestellte Bereich am Kontakt im Falle $H > 0$ entspricht dabei der Ausdehnung durch Magnetostriktion. Ebenfalls grau dargstellt ist der dafür benötigte zusätzliche Piezovorschub.

Das in Abbildung 5.18 gezeigte Verhalten ist bereits in Abbildung 5.11 zu sehen: Die Ausgangsspannung am Piezo für die Nullfeldmessung in Teil (a) liegt bei $V \sim 6.4$ V. Um denselben Leitwert im parallelen Magnetfeld von $\mu_0 H = 0.2$ T zu erhalten (vgl. Teil (b)), ist eine Spannung von etwa 15.7 V erforderlich. Ähnliches Verhalten zeigt sich bei anderen Proben sowie Einstellungen. Für senkrechtes Feld ändert sich die Ausgangsspannung von 21.1 V auf 18.2 V. Dieser Effekt der Magnetostriktion kann jedoch nicht für die Veränderungen im Hub der Abhängigkeiten $G(V)$ im konstanten Magnetfeld verantwortlich gemacht werden.

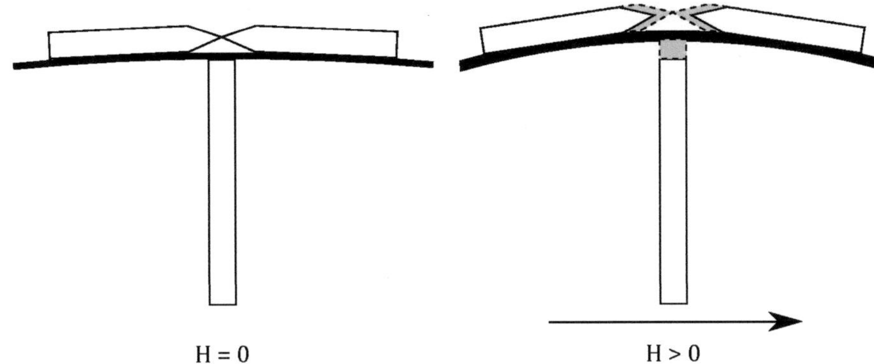

Abbildung 5.18: Einfluss Magnetostriktion auf Piezostellung: Bei parallel anliegendem Magnetfeld dehnt sich die Probe aus, wodurch zum Erreichen desselben Wertes von G_0 der Piezo weiter ausgefahren werden muss.

Um die Hubverlängerung im Magnetfeld verstehen zu können, bedarf es einer Betrachtung der Ausrichtung der Domänen im Ausgangszustand sowie deren Ausrichtung unter dem Einfluss äußerer mechanischer Kräfte. Diese werden entweder durch Zugspannungen oder durch Druckspannungen erzeugt. Abbildung 5.19 (a) zeigt den Fall einer von außen aufgeprägten Zugspannung auf eine zu Beginn entmagnetisierte Probe, der Fall einer unter Druck stehenden Probe ist ein Teil (b) dargestellt. Um das Beispiel möglichst einfach zu gestalten, setzen wir eine verschwindende magnetokristalline Anisotropie voraus.

Als Ausgangspunkt dient eine aus vier Domänen bestehende Probe, welche eine Gesamtmagnetisierung von Null aufweist (vgl. Bild (1)). Diese wird in Teil (2) einer Zugspannung ausgesetzt, wodurch sich die Anordnung der Domänen verändert. Bei einer Probe mit positiver Magnetostriktion $\lambda > 0$ werden diejenigen Domänen, deren magnetisches Moment in Zugrichtung zeigt, an Größe zunehmen auf Kosten derer mit anders ausgerichteten Momenten (vgl. Kapitel 2.4.3). Durch diesen Prozess der „domain wall motion" gelangt man bei entsprechendem Krafteinfluss zu dem idealisierten Fall antiparalleler Domänenmomente (Teil (3)), wobei immer noch eine verschwindende Gesamtmagnetisierung vorliegt. Bei weiterer Steigerung der Spannung lässt sich keine weitere Ausrichtung der Domänen erzeugen (vgl. Kapitel 2.4.3), der Kontakt wird sich über den linearen Bereich hinaus plastisch verformen. Dies geschieht so lange, bis der Kontakt abreißt und die angelegte Spannung auf den Wert Null springt. Es verbleibt eine plastische

Restdehnung ϵ_{mr}. Dies beschreibt den Prozess des Vorgangs „Öffnen" einer entmagnetisierten Probe.

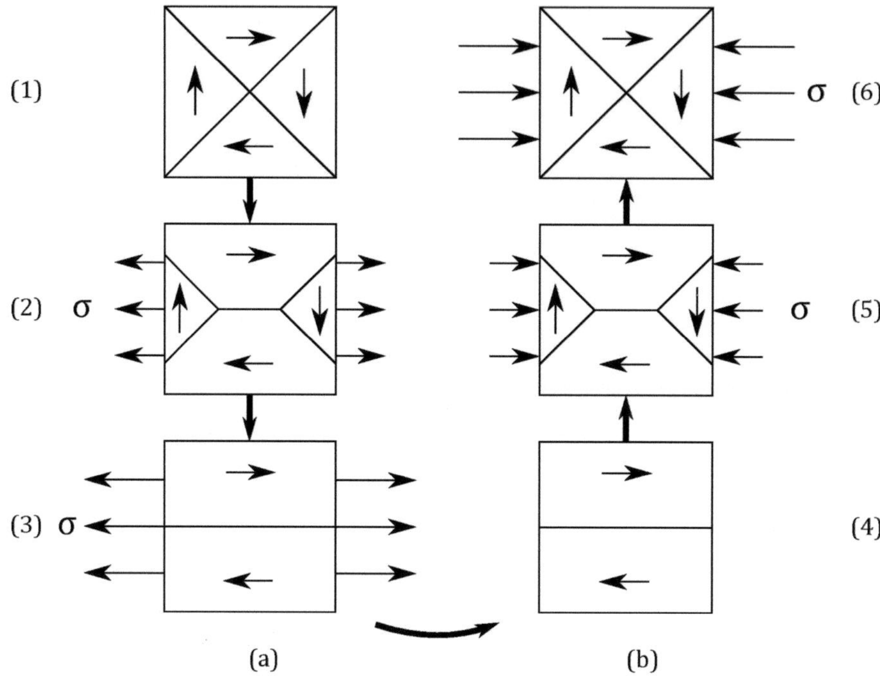

Abbildung 5.19: Magnetisierung unter Krafteinwirkung auf ein magnetostriktives Material [30]: Teil (a) zeigt die Neuausrichtung der Domänen einer entmagnetisierten Probe ($\lambda > 0$) unter Einwirkung einer Zugspanung σ. Dieser Vorgang entspricht dem Öffnen des Kontaktes. Zum Schließen wird in Teil (b) auf die Probe ein Druck ausgeübt. In beiden Fällen ist $H = 0$.

Um die Probe ausgehend von diesem Punkt wieder zu schließen, werden die Elektroden wieder aufeinander zubewegt. Nach Etablierung des Kontakts (Bild (4)) wird weitere Druckspannung auf die beiden Enden ausgeübt, um den Leitwert zu erhöhen. Durch die einwirkende Druckspannung wird die Probe gestaucht. Im betrachteten Falle positiver Magnetostriktion ist dies gleichbedeutend mit einer Rotation der magnetischen Momente weg von der Kraftachse. Bei weiterer Erhöhung der angewendeten Kraft werden sich daher die Domänen immer mehr umordnen, bis man schließlich die zuvor antiparallel ausgerichtete Konfiguration komplett zerstört hat. Der in Abbildung 5.19 dargestellte Idealfall, in welchem der Endzustand dem

Anfangzustand entspricht (Bild (1) und (6)), wird in der Praxis nie erreicht. Dies zeigt sich bereits in der Veränderung der zum Schalten des Kontaktes benötigten Piezospannung während der Messung (vgl. Kapitel 5.2.1). Der beschriebene Dehnungs-Spannungs-Verlauf ist als Hysterese in Abbildung 2.9 dargestellt.

Liegt zusätzlich eine magnetokristalline Anisotropie vor, so wird sich die Situation je nach Richtung der Spannung relativ zur Kristallanisotropie ändern. Bei Vorliegen einer Magnetostriktion λ bewirkt diese eine durch die Spannung σ induzierte uniaxiale Anisotropie $E_{ms} = -\lambda\sigma$. Die magnetostriktive Energiedichte eines Polykristalls E_{ms} errechnet sich zu:

$$E_{ms} = \lambda(\alpha)E\epsilon + \frac{1}{2}E\epsilon^2 \tag{5.3}$$

Darin ist ϵ die Dehnung. $\lambda(\alpha)$ lässt sich durch Gleichung (2.11) ausdrücken. Minimieren von E_{ms} bezüglich ϵ liefert $\epsilon = \frac{3}{2}\lambda_s\left(\cos^2\alpha - \frac{1}{3}\right)$. Ohne äußere Spannung ist die Dehnung gegeben durch $\epsilon = \lambda_s$. Unter Verwendung des Hookeschen Gesetzes (vgl. Gleichung (2.13)) erhält man:

$$E_{ms} = -\sigma\frac{3}{2}\lambda_s\left(\cos^2\alpha - \frac{1}{3}\right) = -\sigma\lambda \tag{5.4}$$

Unter Vernachlässigung von Termen höherer Ordnung ergibt sich für die uniaxiale Kristallanisotropie aus Gleichung (2.7) $E_a = K\sin^2\alpha$. Vergleich beider Energien liefert $K = \sigma\frac{3}{2}\lambda_s$ [73] bzw.:

$$\sigma_{K,\lambda} = \frac{2}{3}\frac{K}{\lambda_s} \tag{5.5}$$

$\sigma_{K,\lambda}$ gibt die Spannung an, bei welcher die durch $\lambda\sigma$ induzierte Anisotropie der magnetokristallinen Anisotropie K entspricht.

Im folgenden wird $\sigma_{K,\lambda}$ mit der Schubspannung $\sigma_{max}^{Schub} = \frac{G}{30}$ verglichen, bei der plastische Verformung einsetzt (vgl. Tabelle 5.4) [74].

	$\sigma_{K,\lambda}$ (MPa)	σ_{max}^{Schub} (MPa)	$E\lambda_s$ (MPa)
Dy-Polykristall	140	860	218.9
Ni	150	2500	6.60
Fe	4700	2700	1.90

Tabelle 5.4: Vergleich wirkender Spannungen: Vergleich der Spannungen von Dy mit den 3d-Ferromagneten Fe und Ni (Größen verwendet aus Tabelle 2.4, Tabelle 2.1, [28, 62, 73, 75, 76, 77]).

Beim Dysprosium-Polykristall ist $\sigma_{K,\lambda} < \sigma_{max}^{Schub}$, wobei zur Berechnung von $\sigma_{K,\lambda}$ die Anisotropiekonstante K_6^6 aus Tabelle 2.1 verwendet wurde. Demnach liefern die magnetoelastischen Beiträge einen wichtigen Beitrag zur Anisotropie, ebenso wie bei Nickel. Bei Eisen ist $\sigma_{K,\lambda} > \sigma_{max}^{Schub}$. Damit ist klar, dass bevor $\sigma_{K,\lambda}$ erreicht wird, sich eine Fe-Probe plastisch verformt. Im Gegensatz zum Eisen wirkt sich der Einfluss der Magnetostriktion beim a-Achsen-orientierten Dysprosium-Einkristall bereits bei relativ kleinen Spannungen unterhalb der plastischen Verformung aus. Bei Einkristallen der c-Achse tritt dagegen vor Erreichen von $\sigma_{K,\lambda}$ plastische Verformung ein. Im Unterschied beider Kristallachsen zeigt sich die große Anisotropie. Wird eine Probe, welche an beiden Enden fest eingespannt ist, durch ein paralleles Magnetfeld in Sättigung getrieben, steht das Material durch die Magnetostriktion unter Druckspannungen. Diese Druckspannung beträgt $\sigma = E\epsilon = E\lambda_s$. Für Dysprosium ist diese Druckspannung deutlich größer als beispielsweise bei Fe oder Ni. Allgemein besitzen die Seltenen Erden eine große magnetoelastische Kopplung, hervorgerufen durch ihre große magnetokristalline Anisotropie sowie den großen Einzel-Ion-Beiträgen zur Magnetostriktion (vgl. Kapitel 2.6).

Bei Anwesenheit äußerer Magnetfelder spielt ebenfalls das Verhältnis der Stärke der vorliegenden Anisotropie relativ zur Stärke der magnetoelastischen Kopplung eine entscheidende Rolle. Eine genaue Beschreibung der Vorgänge lässt sich nicht geben. Qualitative Aussagen lassen sich dennoch anstellen: So wird für Dysprosium bei parallel zur Drahtachse ausgerichtetem Feld eine Verlängerung des Hubes erwartet. Der Grund liegt darin, dass sowohl die Feldrichtung als auch die angewendete Zugspannung die magnetischen Momente in derselben Weise beeinflussen. Diese werden gezwungen, sich parallel zum Feld bzw. zur äußeren Kraftrichtung einzustellen. Die Größe des beobachteten Effekts wird von der Art des Probenmaterials bestimmt sein, wobei die größten Effekte für die Achse leichter Magnetisierung zu erwarten sind. In ähnlicher Weise, jedoch mit geringerer Effektstärke, sollte sich eine polykristalline Probe verhalten. Die schwere Magnetisierungsachse hingegen sollte dementsprechend einen schwächeren Effekt zeigen. Voraussetzung ist die Annahme, dass in allen Fällen die dem Kontakt aufgeprägte Kraft dieselbe ist. Damit lassen sich die Beobachtungen des Kapitels 5.2.3 qualitativ erklären.

Da viel Kraftaufwand vonnöten ist, eine Magnetisierung aus der Richtung der leichten Achse herauszudrehen, sollte der Effekt im Falle des senkrecht zur Drahtachse ausgerichteten Feldes für die a-Achse schwächer ausfallen als für den Polykristall. Damit ist jedoch rein der Effekt der Anisotropie betrachtet. Nimmt man noch den Einfluss der von außen wirkenden Kraft hinzu, so ist die Lage nicht mehr eindeutig. Das Feld will die magnetischen Momente alle parallel dazu und somit senkrecht zur Drahtachse ausrichten. Der Einfluss der Zugspannung hingegen würde die Momente in Richtung der Drahtachse drehen. Somit hängt der beobachtete Effekt vom Verhältnis der Stärke der beiden Einflüsse ab. Je nachdem wird sich der Hub des Kontaktes verlängern, verkürzen oder unverändert bleiben.

Es bleibt nur die Möglichkeit, anhand der beobachteten Effekte aus den gemessenen Daten Rückschlüsse auf die Kräfteverhältnisse zu ziehen. Anhand der in Tabelle 5.3 angeführten Daten gilt sowohl für den Polykristall als auch für die a-Achse des Einkristalls, dass der Effekt des äußeren Feldes auf die Magnetisierung sich stärker auswirkt als derjenige der Zugspannung auf die Magnetisierung. In beiden Fällen verkürzt sich der Elektrodenabstand und damit der Hub des Piezos unter Einfluss des konstanten senkrechten Feldes.

Um die bisher rein phänomenologische Betrachtung zu unterstützen, müsste eine Messung der lokalen Magnetisierung im Kontaktbereich durchgeführt werden. Diese sollte während der Aufnahme eines mechanisch induzierten Leitwertzyklus erfolgen und zwar bei Anwesenheit eines konstanten Magnetfeldes. Möglich wäre dies mit einer Hallsonde, die in die Nähe des Nanokontakts gebracht werden müsste. Letzteres ist aufgrund der groben Bruchoberflächen (vgl. Kapitel 3.5.1) experimentell schwierig.

5.3 Berechnung der Kontaktkonfiguration

Die vorangegangenen Untersuchungen ergeben einen Zusammenhang zwischen den Messungen der $G(x)$-Kurven und der Kontaktkonfiguration. Der Leitwert entspricht in diesem Fall der Kontaktgröße bzw. dem Kontaktdurchmesser [78]. Schnell abfallenden Leitwertkurven wird ein sehr kurzer, steil abfallender Kontakt zugeschrieben, während langgezogene Kontaktformen die Messungen auf einen größeren Bereich ausdehnen (vgl. Teil (a) der Abbildung 5.20). Daraus lässt sich in einem Modell [78] aus den $G(x)$-Kurven die Kontaktform zu berechnen.

5.3.1 Grundlagen des Modells

Das der Berechnung der Kontaktkonfiguration zugrundeliegende Modell beschreibt den Kontakt in einer zylindrischen Geometrie, welche spiegelsymmetrisch zur engsten Stelle ist. Die einzelnen Zylinder besitzen verschiedene Radien sowie Flächen (vgl. Abbildung 5.20 (b)). Die elastischen Eigenschaften des Kontaktbereiches, wie z.B. der Elastizitätsmodul oder die Dehnung, werden als identisch mit denen des Volumenmaterials angenommen [79]. Weiter wird angenommen, dass sich unter Einfluss einer mechanischen Spannung nur die engste Kontaktstelle plastisch verformt. Die Verformung ist auf den innersten Zylinder beschränkt, die weiter außen liegenden Zylinder werden als konstant angenommen. Wird der Kontakt unter Zugspannung gesetzt, so wird sich zum Ausgleich des auf ihn wirkenden Krafteinflusses der innerste Zylinder verlängern. Ein Zylinder mit ursprünglicher Länge δ_0 sowie Fläche A_0 ändert seine Geometrie und besitzt nun die neuen Werte $\delta_1 = \delta_0 + \Delta l$ sowie $A_1 = \frac{A_0 \delta_0}{\delta_0 + \Delta l}$ (vgl. Teil (b) der Abbildung 5.20). Der Parameter δ wird im folgenden „plastische Deformationslänge" genannt, da er die plastische Verformung der Kontaktstelle widerspiegelt. δ verändert sich während der Verformung ständig und hängt neben Länge, Querschnitt sowie Vorgeschichte vom Herstellungsprozess der Probe ab. Im Grenzfall kleiner Änderungen ($\Delta l \to 0$) lässt sich die plastische Deformationslänge schreiben als $\delta = -(\frac{\mathrm{d}\ln A}{\mathrm{d}l})^{-1}$ [78].

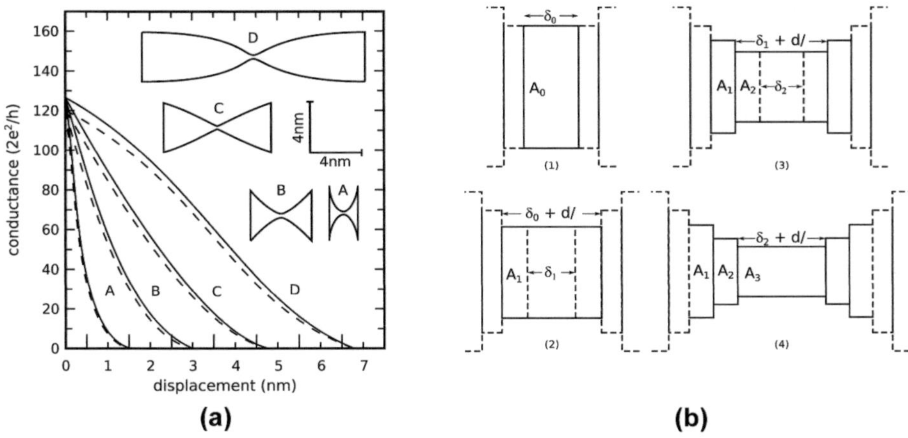

Abbildung 5.20: Zur Berechnung der Kontaktkonfiguration [78]: Teil (a) zeigt wie die Veränderung der Kontaktform mit den gemessenen Daten zusammenhängt. Die iterative Berechnungsweise ist in Teil (b) der Abbildung angedeutet.

Grundlage der Kontaktformberechnung ist die Abhängigkeit des Leitwerts von der Fläche des Kontaktes A gemäß [78, 80]:

$$G \approx \frac{2e^2}{h} \left(\pi \frac{A}{\lambda_F^2} - b \frac{2\pi R}{\lambda_F} \right) \qquad (5.6)$$

Letzterer Term beinhaltet den Kontaktradius R sowie den Materialparameter b, welcher von der Form des Kontakts abhängt (z.B. $b = \frac{1}{2}$ für eine zylindrische Röhre). Die klassische Sharvin-Annahme ballistischen Transports entspricht $b = 0$ [78]. λ_F bezeichnet die Fermiwellenlänge, welche bei Dysprosium λ_F (Dy) = 4.7 Å beträgt (berechnet aus E_F = 6.8 eV [44]).

5.3.2 Berechnung der Kontaktgeometrie polykristalliner Proben

Die Berechnungsweise soll in diesem Kapitel anhand der schon diskutierten Messungen an einer polykristallinen Probe unter dem Einfluss eines parallel sowie senkrecht anliegenden Feldes $\mu_0 H$ = 1 T (vgl. Abbildungen (5.13) und (5.14)). Die Ergebnisse für die anderen Proben bzw. Feldrichtungen sind auf analoge Weise entstanden.

Voraussetzung der Rechnung ist ein gemessenes $G(x)$-Verhalten im Tunnelbereich beim Schließvorgang. Über die exponentielle Abhängigkeit des Leitwerts $G(V)$ von der Piezo-Spannung V kann der Elektrodenabstand kalibriert werden. Die gemessenen Daten $G(V)$ lassen sich somit in eine Leitwertkurve der Form $G(x)$ umrechnen (vgl. Kapitel 5.2.2). In Gleichung (5.6) ist die Proportionalität $G(x) \propto A$ definiert. Im zylindrischen Modell folgt damit $G(x) \propto R^2$. Aus den gemessenen $G(V)$-Kurven erhält man über Kalibrierung $G(x)$ und daraus Fläche A bzw. Radius R der Zylinder.

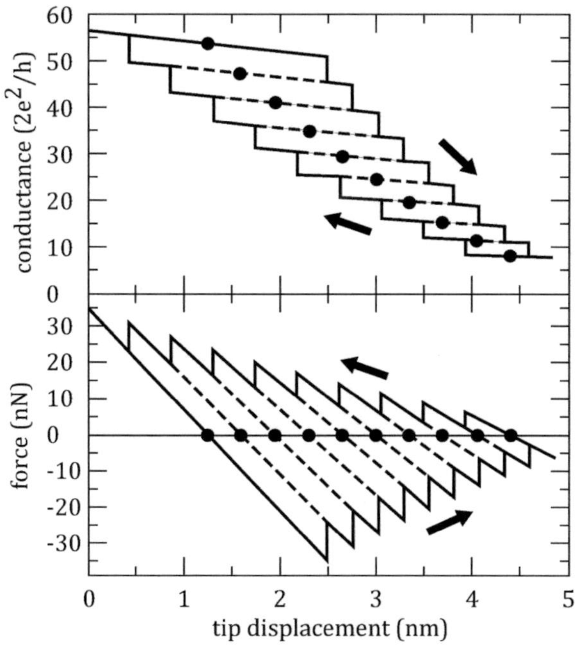

Abbildung 5.21: Ermittlung der Punkte für G_{fit}: Dargestellt ist der Idealfall, in welchem die Konfigurationen beim Öffnen und Schließen dieselben sind. Die Gleichgewichtswerte x_0 sind jeweils durch schwarze Punkte markiert [78].

Aus der $G(x)$-Abhängigkeit erhält man auch die plastische Deformationslänge δ: Bei Öffnen des Kontaktes steht dieser unter Zugspannung, entsprechend herrscht beim Schließen eine Druckspannung vor. Durch die plastische Verformung kommt es zu einer mechanischen Hysterese (vgl. Kapitel 2.4.4). Diese kann bei Bildung atomarer Ketten besonders groß sein, z.B. in Gold oder Platin. Kettenbildung in Dysprosium wurde in den hier vorgestellten Messungen nicht beobachtet. Gesucht ist der Gleichgewichtszustand, in welchem die auf den Kontakt wirkende Kraft gleich Null ist. Unter der Annahme, dass die Konfigurationen während Verlängerung und Kontraktion ähnlich sind, findet sich der gesuchte Gleichgewichtswert in der Mitte der beiden Leitwertkurven. Abbildung 5.21 zeigt einen schematisch dargestellen Leitwertzyklus, in welchem die Gleichgewichtswerte als schwarze Punkte dargestellt wurden. In diesen Punkten ist die auf den Kontakt wirkende Gesamtkraft $F = 0$ [78].

Dieser Punkt, an welchem sich die Kräfte auf den Kontakt aufheben, wird für jeden ganzzahligen Leitwert $0 \leq G \leq 20$ aus den Rohdaten ermittelt. Um diesen Gleichgewichtswert x_0 zu erhalten, wird auf der Höhe jedes ganzzahligen Leitwerts der Mittelpunkt zwischen den Kurven Öffnen und Schließen ermittelt. Damit erhält man eine Abhängigkeit $G(x_0)$ (vgl. Punkte in Abbildung 5.21). Die Punkte $G(x_0)$ werden mit einem Polynom (Ordnung drei, fünf oder sieben) gefittet. Die daraus resultierende Funktion $G_{fit}(x)$ ist in Abbildung 5.22 als gestrichelte Linie dargestellt. Teil (a) zeigt den Fall der parallelen Feldausrichtung, Teil (b) den des senkrechten Einfalls. Die angegebenen Spannungen an der x-Achse entsprechen denjenigen bei Aufnahme der Nullfeld-Daten. Man erkennt, dass der Einfluss des parallelen Feldes deutlich größer ist als der des senkrechten. In letzterem Fall nimmt der Hub im Vergleich zum Nullfeld sogar ab (vgl. Kapitel 5.2).

Aus der logarithmischen Auftragung der Funktion $\ln(G_{fit}(x))$ gegen x ermittelt man die Ableitung $\frac{\mathrm{d}\ln G_{fit}(x)}{\mathrm{d}x}$. Der negative Kehrwert der Ableitung ergibt die plastische Deformationslänge $\delta(x)$ des jeweiligen Kontaktes:

$$\delta(x) = -\left(\frac{\mathrm{d}\ln G_{fit}(x)}{\mathrm{d}x}\right)^{-1}$$

Aus der Proportionalität des Leitwerts $G(x)$ zur Fläche A folgt, dass für die plastische Deformationslänge gilt $\delta = 2\sqrt{\frac{A}{\pi}} = 2R_0$. Dieser Verlauf dient in Abbildung 5.23 als Referenz. Liegt in der doppeltlogarithmischen Auftragung von δ über G/G_0 die plastische Deformationslänge oberhalb dieser schwarz eingezeichneten Geraden (gestrichelt), so erhält man einen langgezogenen Kontakt. Entsprechend sind solche Werte von δ unterhalb des Gleichgewichtswert stumpfen Kontakten zuzuordnen. Je weiter die Abweichung vom Mittelwert ausfällt, desto größer ist die Hubveränderung. Aus den ermittelten Werten für λ lassen sich zu jedem Punkt von $G(x)$ die entsprechenden Radien $R \propto \sqrt{G(x)}$ der Zylinder (vgl. Abbildung 5.20 (b)) errechnen.

In Abbildung 5.23 (a) verläuft die Kurve im Feld $\mu_0 H = 1$ T bei Leitwerten G > 3 G_0 um etwa 600 % oberhalb deren im Nullfeld. Dagegen liegt in Teil (b) die Kurve im Feld $H > 0$ um rund 300 % unterhalb derjenigen im Nullfeld. Vergleicht man den relativen Abstand im parallelen Fall $\delta_\parallel$ mit dem Abstand $\delta_\perp$ aus Teil (b), so kann man erkennen, dass in guter Näherung gilt:

$$\frac{\Delta\delta_\perp}{\delta_\perp} \approx -\frac{1}{2}\frac{\Delta\delta_\parallel}{\delta_\parallel}$$

Der Hauptbeitrag zu diesem Effekt kommt von der Magnetostriktion (vgl. $\lambda_\perp = -\frac{\lambda_\parallel}{2}$, Abbildung 2.10) bzw. der Domänenänderung unter mechanischen Spannungen. $\parallel$, $\perp$ geben hier die Feldrichtungen an, wobei δ immer in Richtung der Zugspannung liegt. Im rein mechanischen Fall (ohne Magnetostriktion) wäre δ unabhängig von der Richtung des Magnetfeldes ($\delta_\parallel = \delta_\perp$).

Aus Gleichung (5.6) lässt sich aus $G(x)$ die Kontaktfläche A für jeden einzelnen x-Wert berechnen. Die Kontaktform erhält man nun durch Zusammensetzen der einzelnen Werte von $\delta(x)$ und $A(x)$. Bildlich gesprochen reiht man immer kleiner werdende Zylinder mit Breite $\delta(x)$ und Höhe $A(x)$ aneinander. In Abbildung 5.20 (b) wird dieses iterative Verfahren angedeutet. Im Beispiel der polykristallinen Probe erhält man für die Kontaktgeometrien die in Abbildung 5.24 dargestellten Formen für parallele Feldausrichtung (a) und senkrechte Ausrichtung (b). Mit R (nm) ist eine zur Wurzel der Kontaktfläche proportionale Größe über der Breite der jeweiligen Zylinder (ebenfalls in nm) aufgetragen. Die grüne Kontaktgeometrie ergibt sich aus Multiplikation der im Nullfeld ermittelten Werte $\delta(x)$ (schwarze Linien) mit einem Faktor, so dass die Kontaktform im Feld (rot) erhalten wird:

$$\delta(x, H) = \beta\,\delta(x, 0)$$

Wie der Abbildung 5.24 entnommen werden kann, ist der Kontakt im parallelen Feld deutlich länger und im senkrechten Feld kürzer als ohne Feld mit den Skalenfaktoren 2.84 bzw. 0.5. Die diskontinuierliche Kontur der Kurven entspricht dem zur Erstellung verwendeten iterativen Verfahren und ist an der enthaltenen schrittweisen Abstufung zu erkennen.

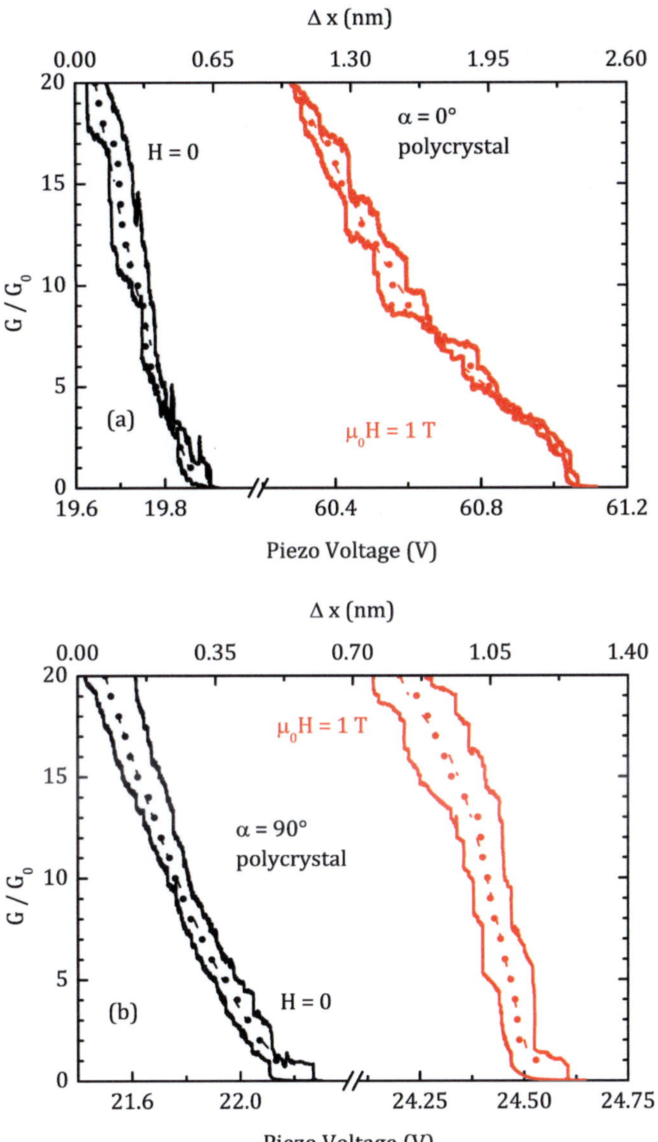

Abbildung 5.22: Rohdaten aus den Abbildungen (5.13) und (5.14):
(a) Zusammenhang $G(V)$ bzw. $G(x)$ einer polykristallinen Probe im Nullfeld (schwarz) sowie im parallelen Feld $\mu_0 H = 1$ T (rot).
(b) $G(V)$ bei senkrechter Ausrichtung des Feldes. An die ermittelten Wertepaare $G(x)$ (Punkte) angepasste Funktion $G_{fit}(x)$ ist gestrichelt dargestellt.

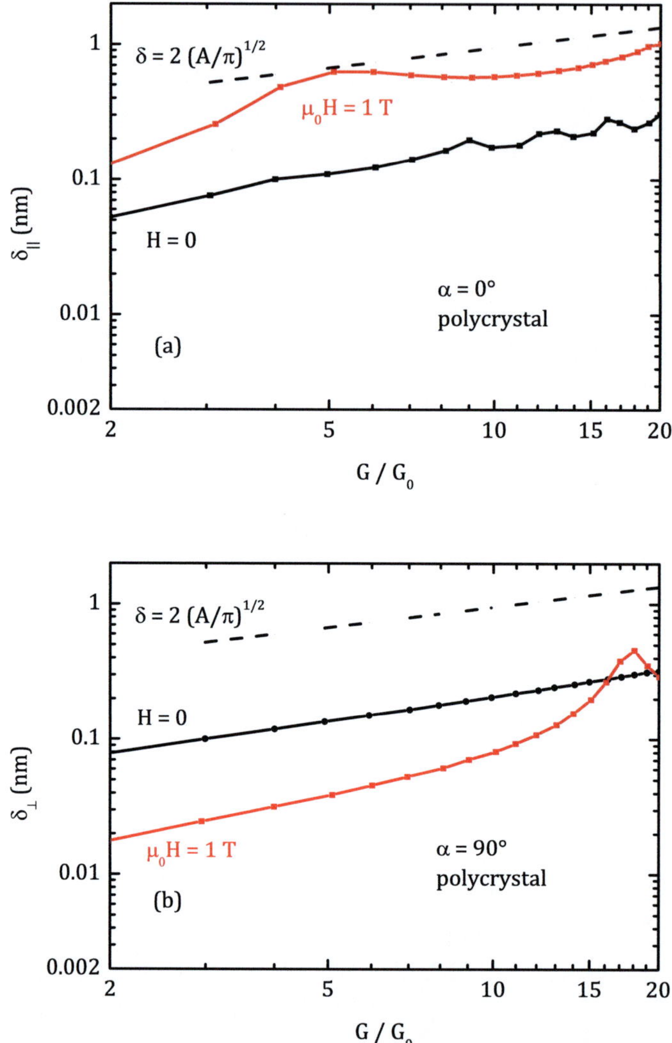

Abbildung 5.23: Doppeltlogarithmische Auftragung Polykristall (Proben # 30082010, # 14092010): Stellt die zu den Rohdaten aus Abbildung 5.22 gehörigen plastischen Deformationslängen δ für den Fall parallelen (a) sowie senkrechten (b) Feldes zur Drahtachse dar. Die schwarze, gestrichelte Gerade dient als Referenzwert.

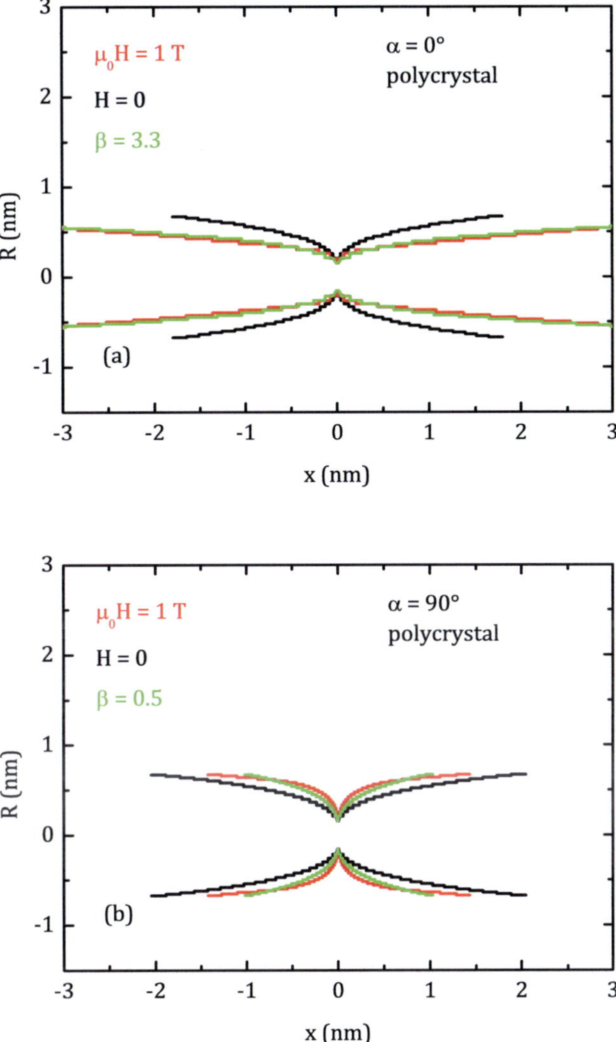

Abbildung 5.24: Kontaktformen Polykristall (Proben # 30082010, # 14092010): Ergebnisse der Kontaktformberechnung für den Polykristall. Teil (a) zeigt wiederum den Fall parallelen Feldes, Teil (b) den des senkrechten. Nullfeldmessungen sind schwarz, Messungen im Feld rot, die Anpassung von $x(0)$ auf den Feldwert grün dargestellt. β ist das Verhältnis der plastischen Deformationslängen $\delta(x, H) = \beta\, \delta(x, 0)$.

Bei Vergleich der beiden Teilbilder (a) und (b) der Abbildung 5.24 fällt auf, dass in allen dargestellten Fällen die dünnste Stelle bei $x = 0$ denselben Wert besitzt. Der Ausgangspunkt ist für alle Leitwertzyklen $G = 20\ G_0$. Aus Gleichung (5.6) lässt sich im zugrundeliegenden zylindrischen Modell (Fläche $A = \pi R^2$) eine Abschätzung für den Radius R_0 anstellen. Unter Annahme $b = 0$ folgt aus Gleichung (5.6) für den Radius:

$$R_0 = \left(\frac{\lambda_F}{\pi}\right) \approx 0.15\ \text{nm}$$

Die Kontaktbreite an der Stelle $x = 0$ beträgt $2R_0$. Dies stimmt mit dem Durchmesser der Kontakte bei $x = 0$ in Abbildung 5.24 überein.

5.3.3 Kontaktgeometrie für Einkristall a-Achse

Ähnlich wie in Kapitel 5.3.2 am Beispiel des Polykristalls veranschaulicht, ist die Rechnung für den Einkristall mit der leichten a-Achse in Drahtrichtung erfolgt. Abbildung 5.25 beinhaltet die aufgenommenen Rohdaten sowohl bei paralleler (a) als auch senkrechter Feldausrichtung (b), welche als Ausgangspunkt zur Berechnung der Kontaktgeometrien dienen. Ähnlich wie im Falle des Polykristalls ist eine Hubverlängerung im parallel anliegenden Feld zu sehen. Dagegen ergibt sich unter senkrechter Einstellung von Magnetfeld relativ zur Drahtachse kaum eine Änderung.

Abbildung 5.26 fasst die aus den Rohdaten ermittelten plastischen Deformationslängen zusammen. In fast allen gezeigten Fällen verläuft δ deutlich unterhalb der schwarz eingetragenen, gestrichelten Geraden $\delta \propto \sqrt{A}$. Lediglich der Fall parallelen Feldes hebt sich davon ab. Im Fall des parallel zur Drahtachse ausgerichteten Magnetfeldes $\mu_0 H = 0.2$ T (Abbildung 5.26 a) verläuft die Kurve wie im Fall des Polykristalls (vgl. Kapitel 5.3.2) deutlich oberhalb der Kurve im Nullfeld. Bei senkrecht zum Draht angelegten Feldes ($\alpha = 90°$) ist der Unterschied kleiner. Die beim Polykristall beobachtete Beziehung $\frac{\Delta\delta_\perp}{\delta_\perp} \approx -\frac{1}{2}\frac{\Delta\delta_\parallel}{\delta_\parallel}$ ist nicht erfüllt. Eine mögliche Ursache ist die starke magnetische Anisotropie, die sich auch in einer starken Anisotropie der Magnetostriktion von Dy-Einkristallen widerspiegelt (vgl. Abbildung 2.6). Offensichtlich spielen diese Anisotropien eine wichtige Rolle für das Dehnungsverhalten des Kontakts in Abhängigkeit der Richtung des äußeren Magnetfeldes.

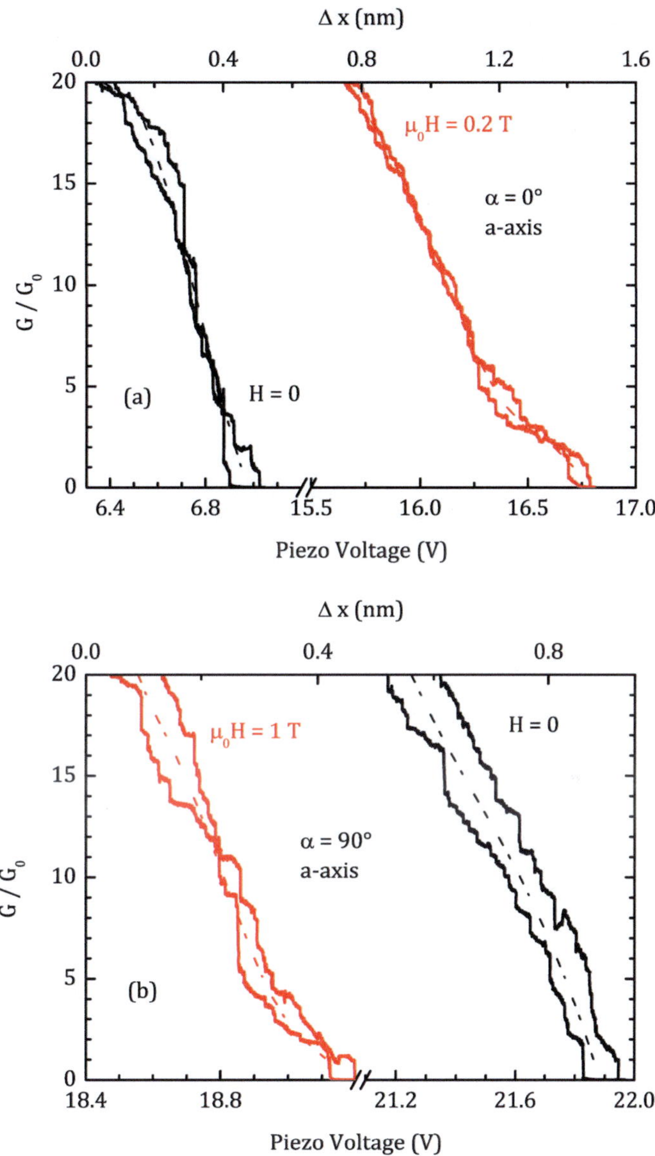

Abbildung 5.25: Rohdaten Einkristall a-Achse (Probe # 19012011) aus den Abbildungen (5.11) und (5.12): Teil (a) zeigt Messungen ohne Feld (schwarz) sowie in einem Feld $\mu_0 H = 0.2$ T, das parallel zur Drahtachse angelegt wurde. Der Fall eines senkrecht zur Drahtachse angelegten Felds $\mu_0 H = 1$ T ist in Teil (b) dargestellt.

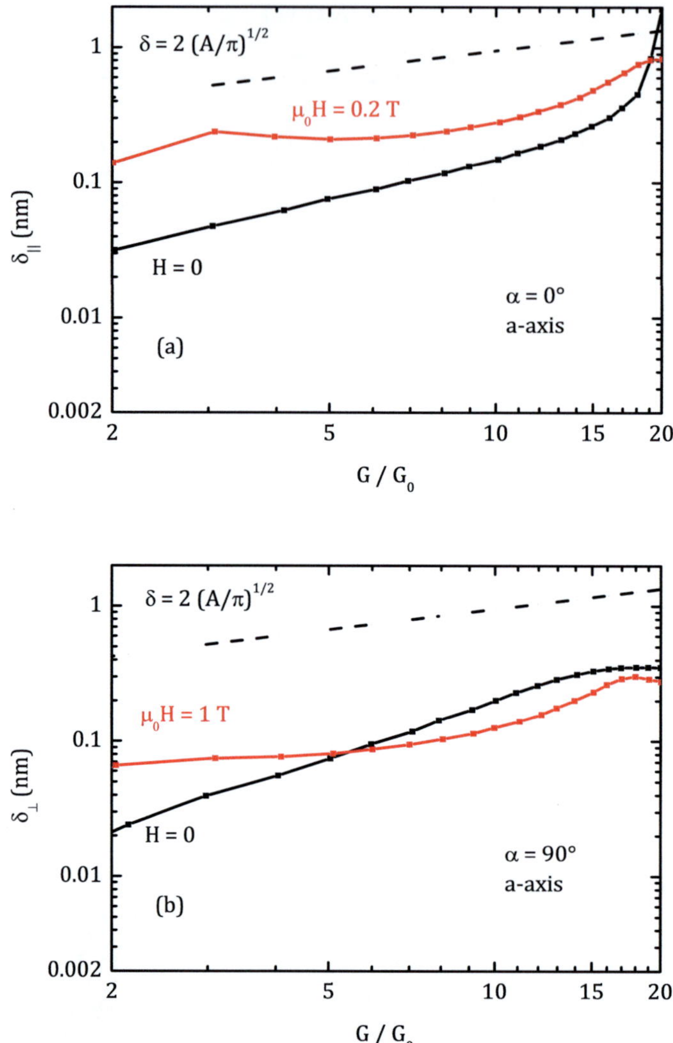

Abbildung 5.26: Doppeltlogarithmische Auftragung Einkristall a-Achse (Probe # 19012011): Dargestellt sind die aus den Rohdaten ermittelten plastischen Deformationslängen δ für den Fall parallelen (a) sowie senkrechten (b) Feldes zur Drahtachse.

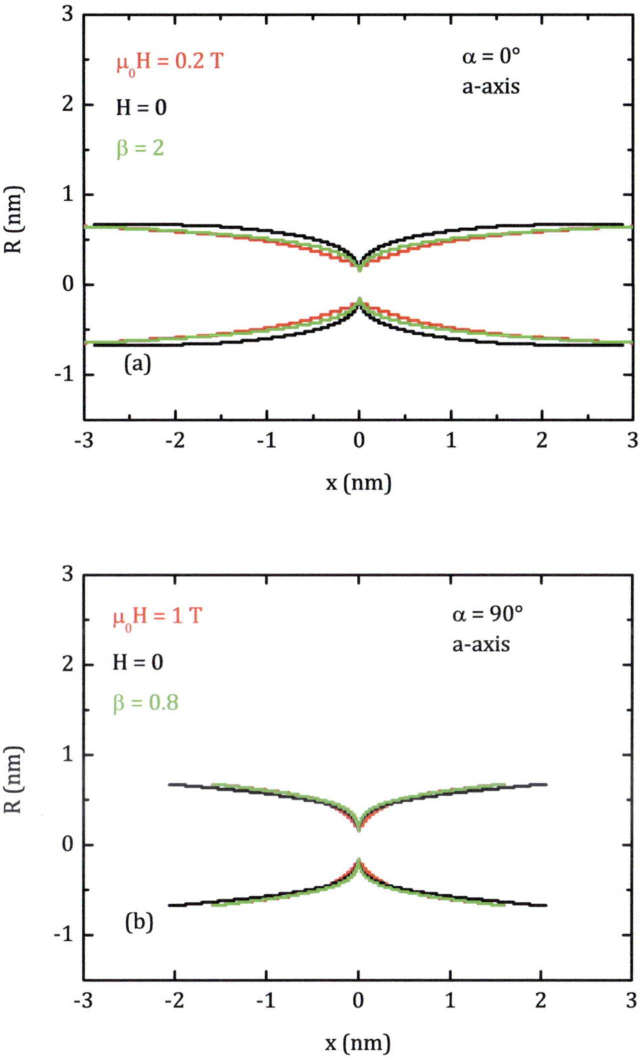

Abbildung 5.27: Kontaktformen Einkristall a-Achse (Probe # 19012011): Kontaktgeometrien des Einkristalls a-Achse für den Fall paralleler (Teil a) sowie senkrechter (b) Orientierung des Magnetfeldes. Messungen ohne Feld sind schwarz, solche im Feld rot, die Anpassung von $x(0)$ auf den Feldwert grün dargestellt. β ist das Verhältnis der plastischen Deformationslängen $\delta(x, H) = \beta\, \delta(x, 0)$.

Abbildung 5.27 zeigt das Resultat der berechneten Kontaktgeometrie des Einkristalls. Wie bereits aus den Rohdaten erkennbar, ist der Kontakt unter Einfluss eines parallel ausgerichteten Feldes $\mu_0 H = 0.2$ T länger geworden (vgl. Abbildung 5.27 a). Der zur Anpassung von $x(0)$ auf den Wert $x(H)$ ermittelte Faktor ist $\beta = 2$. Im Gegensatz zum Polykristall wird diese Kontaktverlängerung bereits bei einem kleineren Feld erreicht. Dies steht im Einklang mit dem aus den VSM-Messungen bekannten Magnetisierungsverhalten (vgl. Abbildungen (3.8) bis (3.9)). Zum Erreichen derselben Magnetisierung benötigt man für den Einkristall entlang der leichten a-Achse ein geringeres Feld als für eine polykristalline Probe. Die Kontaktdehnung und damit der Hub setzt sich aus der rein mechanischen plastischen Verformung sowie der Verformung durch magneto-elastische Kopplung zusammen. Durch die magneto-elastische Kopplung hängt die Verformung von den Richtungen von Zugspannung und Magnetisierung bzw. Feld ab. Diese Effekte werden in Kapitel 5.3.5 diskutiert.

Betrachtet man den Fall des senkrecht ausgerichteten Feldes (vgl. Abbildung 5.27 b), so fällt der Effekt mit einem Anpassungsfaktor von $\beta = 0.8$ im Vergleich zum Wert $\beta = 0.5$ des Polykristalls schwächer aus. Einen Hinweis auf den Unterschied liefern wiederum die Magnetisierungskurven der Abbildungen (3.8) bis (3.9). Bei einem senkrecht zur Drahtachse angelegten Feld von $\mu_0 H = 1$ T liegt beim Polykristall eine größere Magnetisierung vor als beim Einkristall. Der Einkristall ist senkrecht zur Drahtachse (a-Achse) schwerer zu magnetisieren als der Polykristall. Damit sind die Einflüsse durch den ΔE-Effekt und Morphic-Effekt kleiner, wie in Kapitel 5.3.5 diskutiert.

5.3.4 Kontaktgeometrie für Einkristall c-Achse

Aus den in Kapitel 5.2.2 vorgestellten Schaltvorgängen an c-Achsen-orientierten Einkristallen wurden wie für Polykristalle und Einkristall mit a-Achse in Drahtrichtung die Kontaktgeometrien berechnet. Abbildung 5.28 stellt die Rohdaten der beiden Einstellungen $\alpha = 0°$ sowie $\alpha = 90°$ dar. Wie bereits erwähnt, scheint die Hublänge kaum vom Magnetfeld abzuhängen. Diese Ähnlichkeit in der Hublänge zeigt sich ebenfalls in den errechneten plastischen Deformationslängen (vgl. Abbildung 5.29). Sowohl für paralleles als auch für senkrechtes Feld verlaufen $\delta_\parallel$ bzw. $\delta_\perp$ unterhalb der gestrichelten Geraden $\delta \propto \sqrt{A}$. Im parallelen Fall verläuft $\delta_\parallel$ im Feld zunächst oberhalb der Kurve für $H = 0$. Ab etwa 11 G_0 nehmen beide Kurven nahezu identische Verläufe an, wobei die Feldkurve unterhalb der Nullfeldmessung verläuft. Für $\alpha = 90°$ gilt größtenteils $\delta_\perp(H > 0) > \delta_\perp(H = 0)$, wobei der Abstand beider maximal 200 % beträgt.

Die in Abbildung 5.30 dargestellten Geometrien sind allesamt stumpfe Kontakte. Für die Konfiguration $\alpha = 0°$, für welche beim Polykristall und beim a-Achsen-orientierten Einkristall langgezogene Kontakte ermittelt wurden, liefert die Rechnung für die c-Achse zwei nahezu identische stumpfe Kontakte. Der Skalenfaktor β zur Umrechnung beträgt in diesem Fall eins und ist daher nicht in Abbildung 5.30 (a) eingetragen.

Für senkrecht anliegendes Magnetfeld erhält man einen Faktor von $\beta = 1.22$. In den beiden vorangegangenen Fällen ist der Kontakt für $\alpha = 90°$ im Feld stets stumpfer geworden, entsprechend erhielt man Faktoren $\beta < 1$. Die prozentuale Abweichung der Geometrien ohne bzw. mit Feld ist beim Polykristall deutlich stärker.

5.3.5 Einfluss des Magnetfeldes auf die Verformung

In den Kapiteln 5.3.2 sowie 5.3.2 wurden die Kontaktgeometrien aus den Nullfeldmessungen mit einem Faktor multipliziert, um somit die Kontaktformen im Feld zu erhalten. Dies erfolgte unter der Annahme, dass die plastische Deformationslänge δ gerade die Länge ist, bis zu der der innerste Bereich des Kontakts elastisch gedehnt werden kann bevor er sich bei weiterer Dehnung plastisch verformt (vgl. Kapitel 5.3.1).Diese maximale Dehnungslänge ist gemäß dem Hookeschen Gesetz (vgl. Kapitel 2.4.4 und 2.4.5) über die elastischen Konstanten c_{ijkl} (Einkristall) bzw. dem Elastizitätsmodul (Polykristall) mit der angelegten Zugspannung verknüpft. Die längere Dehnung des Kontakts im Feld resultiert aus einer Abnahme der elastischen Konstanten und damit einem Weichwerden des Materials im Feld. Die kann zwei Ursachen haben:

- ΔE-Effekt

- Morphic Effekt

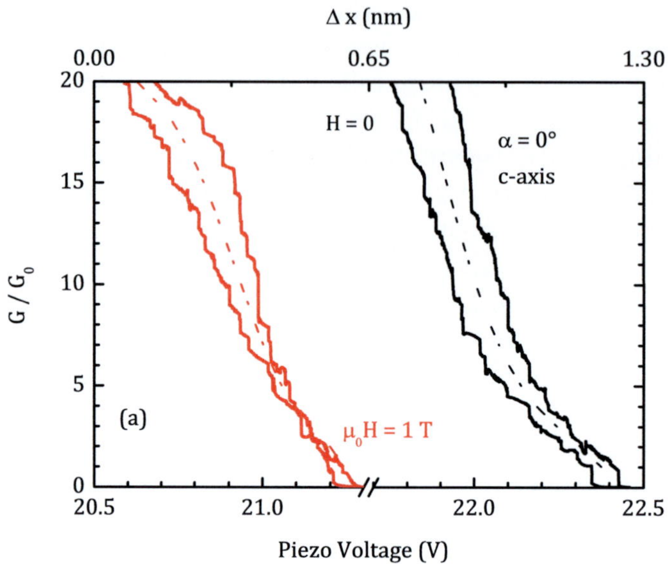

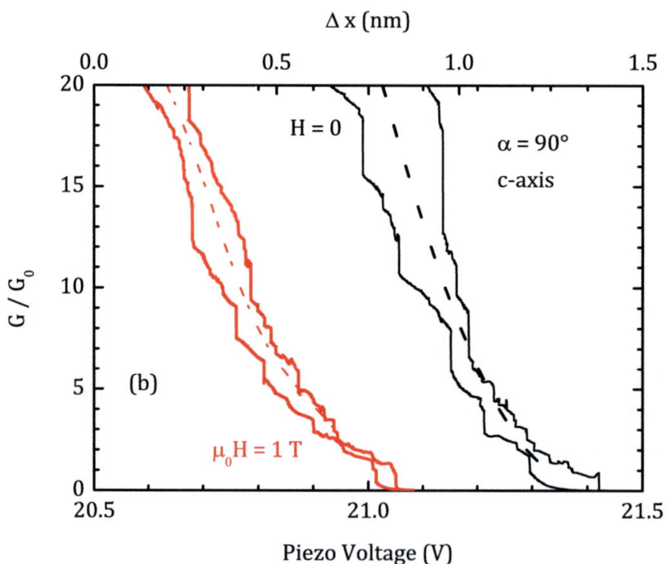

Abbildung 5.28: Rohdaten Einkristall *c*-Achse (Proben # 29012011, # 01022011) aus den Abbildungen (5.15) und (5.16):
(a) Messungen ohne Feld (schwarz) und im parallelen Feld $\mu_0 H = 1$ T.
(b) Dasselbe wie in (a) für senkrechtes Feld.

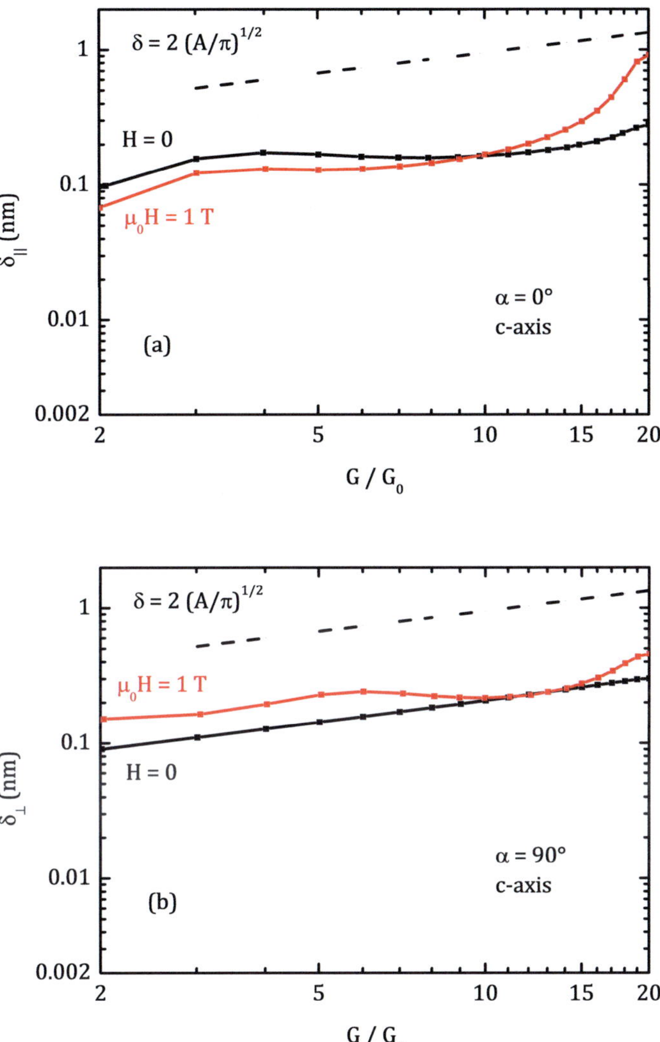

Abbildung 5.29: Doppeltlogarithmische Auftragung Einkristall *c*-Achse (Proben # 29012011, # 01022011): Dasselbe wie in Abbildung 5.26 für einen *c*-Achsen-orientierten Einkristall.

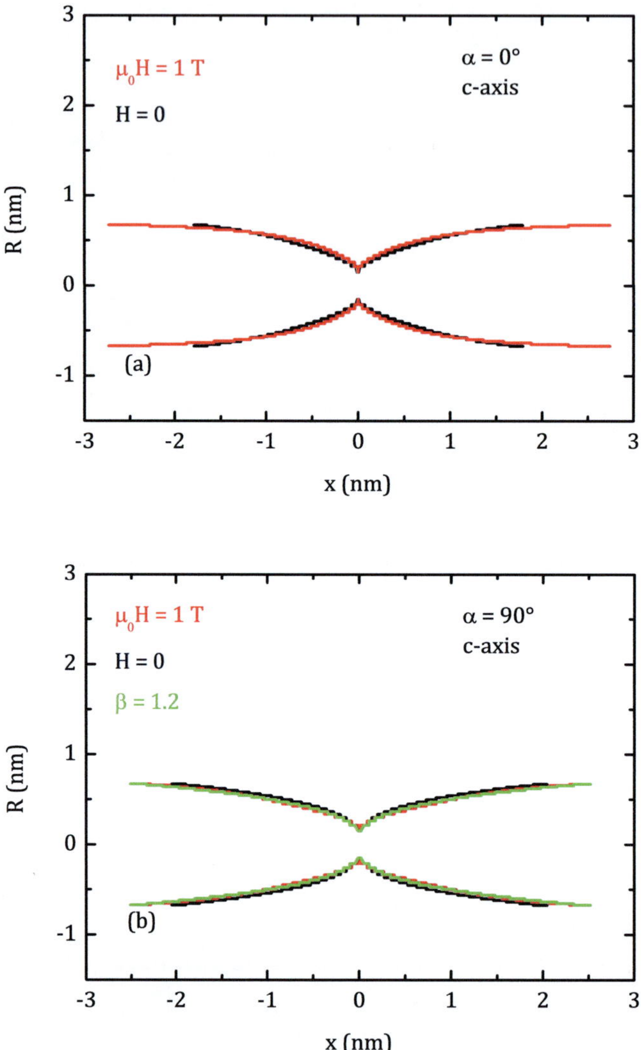

Abbildung 5.30: Kontaktformen Einkristall c-Achse (Proben # 29012011, # 01022011): Kontaktgeometrien des Einkristalls c-Achse für paralleles (a) sowie senkrechtes Feld (b). Messungen ohne Feld sind schwarz, solche im Feld rot, die Anpassung von $x(0)$ auf den Feldwert grün dargestellt. β ist das Verhältnis der plastischen Deformationslängen $\delta(x, H) = \beta\,\delta(x, 0)$.

Einfluss des ΔE-Effekts auf die Kontaktgeometrie

Die Gesamtdehnung ϵ_{tot} eines Ferromagneten unter Zugspannung σ ergibt sich mit Gleichung (2.13) sowie Gleichung (2.11) zu:

$$\epsilon_{tot} = \frac{\sigma}{E} + \frac{3}{2}\lambda_s \left(\cos^2 \alpha - \frac{1}{3} \right) \tag{5.7}$$

Darin ist E der Elastizitätsmodul für eine rein elastische Dehnung ohne magnetostriktiven Beitrag. In Gleichung (5.7) lässt sich für Magnetisierungsprozesse der Winkel α zwischen Magnetisierung und Messrichtung der Dehnung ausdrücken durch $\cos(\alpha) = \frac{H}{H_a}$, wobei H das außen angelegte Magnetfeld und H_a das Anisotropiefeld ist, bei dem die schwere Magnetisierungsache die Sättigung erreicht. Unter Vernachlässigung von Entmagnetisierungseffekten durch die Probenform ergibt sich der effektive Elastizitätsmodul aus der Spannungs-Dehnungskurve $\sigma(\epsilon)$ zu $\frac{1}{E_{eff}} = \frac{\delta\epsilon_{tot}}{\delta\sigma}$:

$$\frac{1}{E_{eff}} = \frac{1}{E} - \frac{3\lambda_s H^2}{H_a^3}\frac{\delta H_a}{\delta\sigma} \tag{5.8}$$

Gleichung (5.8) lässt sich auch schreiben als [29]:

$$\frac{1}{E_{eff}} = \frac{9\lambda_s^2 H^2}{M_s H_a^3} + \frac{1}{E} \tag{5.9}$$

Diese Abschätzung gilt für eine zunächst senkrecht zur Drahtachse magnetisierte Probe. Das Material verhält sich für kleine Zugspannungen mechanisch weicher, da zusätzlich die magnetostriktive Dehnung erfolgt.
Die folgende Abschätzung gilt nur für den isotropen Fall und für kleine mechanische Spannungen. Verwendet wird der Elastizitätsmodul $E = 64.4$ GPa, die Sättigungsmagnetisierung $M_s = 3 \cdot 10^6 \frac{\text{A}}{\text{m}}$ sowie die Sättigungsmagnetostriktion $\lambda_{s,Poly} = 3.4 \cdot 10^{-3}$ des Polykristalls (vgl. Tabelle 2.4). Unter Annahme eines Anisotropiefeldes $H_a = 1$ T (vgl. Abbildung 3.8) erhält man in einem Magnetfeld $\mu_0 H = 1$ T für einen Dysprosium-Polykristall:

$$E_{eff} = 0.31 E = 19.92 \,\text{GPa}$$

Damit beträgt die Änderung des Elastizitätsmoduls bei Dysprosium:

$$\frac{\Delta E}{E} = 69\,\%$$

Dies ist eine enorme Änderung des Elastizitätsmoduls. Ähnlich hohe Werte $\frac{\Delta E}{E}$ = 30 % werden auch für $TbFe_2$ bei T = 77 K beobachtet [42]. Die Ursache liegt in den hohen Anisotropiekonstanten der Seltenen Erden.

Der um etwa den Faktor 3 reduzierte Elastizitätsmodul führt damit direkt zu einer Verlängerung der plastischen Deformationslänge δ im Feld ($\delta = \frac{\sigma}{E}$) für alle plastischen Verformungen des Kontakts und somit zu einer Streckung der Kontaktlänge um den Faktor 3.

Diese Abschätzung liegt im Bereich der experimentell ermittelten Werte, welche für den Einkristall mit a-Achse in Drahtrichtung bei β = 2 und für den Polykristall bei β = 3.3 gefunden wurden. Allerdings wurde die Abschätzung für den Fall der Sättigung durchgeführt. Für eine exakte Abschätzung müsste man statt λ_s den Magnetostriktionswert $\lambda(H)$ verwenden, welchen man aus $\frac{M^2}{M_s^2}$ berechnen müsste.

Dennoch konnte gezeigt werden, dass der beobachtete Effekt der Veränderungen im Magnetfeld auf den ΔE-Effekt zurückzuführen sind. Im Bereich kleiner mechanischer Spannungen σ wird der Elastizitätsmodul E ferromagnetischer Materialien durch das externe Magnetfeld verändert. In Abbildung 2.9 (a) ist dies an der Änderung der Kurvensteigung zu erkennen.

Einfluss des Morphic-Effekts auf die Kontaktgeometrie

Bei stark magnetostriktiven Materialien tritt ein weiterer Effekt auf, genannt „Morphic"-Effekt (vgl. Kapitel 2.4.5). Durch die Magnetostriktion verändert sich die Form der Probe. Damit besitzt diese nicht mehr dasselbe Kristallgitter und Symmetrie. Dadurch werden die elastischen Konstanten c_{ijkl} geändert. Die Änderung der elastischen Konstanten und der Kristallstruktur hat ihrerseit eine Änderung der Magnetostriktion zur Folge. Aufgrund dieser Rückkopplung handelt es sich beim „Morphic"-Effekt um einen Effekt zweiter Ordnung. Dieser Effekt ist jedoch in der Regel kleiner als der ΔE-Effekt und tritt erst bei Feldern oberhalb der Sättigung auf.

6 Zusammenfassung

In dieser Arbeit wurde das elektrische Schaltverhalten von Nanokontakten des Seltenerd-Metalls Dysprosium untersucht. Dabei wurden die Kontakte mit der bekannten Methode der mechanisch kontrollierten Bruchkontakte als auch im Magnetfeld über die große Magnetostriktionskonstante von Dy gesteuert. Sämtliche vorgestellten Ergebnisse wurden an konventionell hergestellten Drahtproben erhalten. Durch Rampen eines Magnetfelds ist es gelungen, Stufen und Plateaus im Leitwert von der Größenordnung $G_0 = \frac{2e^2}{h}$ sowohl für polykristalline Proben als auch für Einkristalle mit der magnetisch schweren c-Achse in Drahtrichtung zu beobachten. Aufgrund der positiven Magnetostriktion von Dy (Ausdehnung in Richtung des Feldes und Kontraktion senkrecht dazu), sollte sich der beobachtete Schaltmechanismus bei senkrechter Feldstellung zum Draht invertieren. Tatsächlich wurde bei Untersuchung der Winkelabhängigkeit beobachtet, dass ein sich zu Beginn des Messzyklus geöffneter Kontakt nur in Bereichen um die Parallelstellung zwischen Magnetfeld und Drahtachse schalten ließ. Entsprechend konnte ein zunächst geschlossener Kontakt nur in Bereichen um diejenigen senkrechte Feldausrichtung geschalten werden. Dieses Verhalten ließ sich in beiden Ausgangsstellungen für polykristalline Proben sowie die Einkristalle der a- und c-Achse nachweisen.

Mittels eines Piezoaktuators ließen sich die Dy-Poly- und Einkristalle auch mechanisch schalten. Stufen und Plateaus im Leitwert konnten ebenfalls beobachtet werden, sowohl ohne als auch in einem konstant anliegenden Feld. Die systematische Untersuchung des Leitwerts als Funktion der Piezo-Spannung im Magnetfeld zeigte für Dy-Polykristalle, dass die Piezo-Hublängen der Leitwertzyklen zwischen 0 und $20\,G_0$ im parallel zur Drahtachse ausgerichteten Feld größer waren als diejenigen, welche im Nullfeld aufgenommen wurden. Senkrechte Feldstellung führt dabei zum inversen Effekt, nämlich einer Verkürzung der Hublängen. Im Falle des Einkristalls der magnetisch leichten a-Achse in Drahtrichtung hängt der Hub im parallelen Feld stärker vom Feld ab, während für senkrechtes Feld keine Hubänderung messbar war. Für die magnetisch schwere c-Achse konnte in keiner Konfiguration eine Hubänderung beobachtet werden. Dieser Effekt konnte mit der auf den Kontakt wirkenden Kraft sowie der magnetoelastischen Kopplung und über eine Abschätzung mit dem ΔE-Effekt in Verbindung gebracht werden. Ein apparaturbedingter Effekt ließ sich ausschließen, da bei dem paramagnetischen Material Yttrium kein Effekt des Magnetfeldes auf den Hub zu beobachten war.

Die Form der Leitwertkurven lässt einen Rückschluss auf die Geometrie des Kontaktes zu. Anhand der gemessenen Daten konnte aufgezeigt werden, dass sich für Zyklen geringer Hublänge sich steil abfallende Kontakte ergaben. Ein auf einen größeren Bereich ausgedehnter Hub entsteht durch eine langgezogene Kontaktgeometrie. Die unterschiedlichen Formen der Kontakte lassen sich somit auf die Anisotropie der Magnetostriktion zurückführen.

Literaturverzeichnis

[1] E.W. Lee, *Magnetostriction and Magnetomechanical Effects*, Reports on Progress in Physics **18**, 184 (1955).

[2] Brockhaus, *Brockhaus*, No. 14 in *19. Auflage* (F.A. Brockhaus, Mannheim, 1991).

[3] D. Gignoux, M. Schlenker, *Magnetism: Materials and Applications* (Springer Verlag, Grenoble, 2005).

[4] F.J. Darnell, *Magnetostriction in Dysprosium and Terbium*, Physical Review **132**, 128 (1963).

[5] Georg Simon Ohm, *Die galvanische Kette, mathematisch berechnet* (Riemann, T.H., Berlin, 1827).

[6] N. Agraït, A. Levy Yeyati, J.M. van Ruitenbeek, *Quantum Properties of Atomic-Sized Conductors*, Physics Reports **377**, 81 (2002).

[7] R. Landauer, *Spatial Variation of Currents and Fields Due to Localized Scatterers in Metallic Conduction*, IBM Journal 223 (1957).

[8] M. Brandbyge, J. Schiøotz, M.R. Søorensen, P. Stoltze, K.W. Jacobsen, J.K. Nørskov, *Quantized Conductance in Atomic-Sized Wires between two Metals*, Physical Review B **52**, 8499 (1995).

[9] E. Scheer, N. Agraït, J.C. Cuevas, A. Levy Yeyati, B. Ludolph, A. Martín-Rodero, G.R. Bollinger, J.M. van Ruitenbeek, C. Urbina, *The signature of the chemical valence in the electrical conduction through a single-atom contact*, Nature **394**, 154 (1998).

[10] F.-Q. Xie, L. Nittler, Ch. Obermair, Th. Schimmel, *Gate-Controlled Atomic Quantum Switch*, Physical Review Letters **93**, No. 128303 (2004).

[11]　H. Ohnishi, Y. Kondo, K. Takayanagi, *Quantized conductance through individual rows of suspended gold atoms*, Nature **395**, 780 (1998).

[12]　E. Scheer, P. Joyez, D. Esteve, C. Urbina, M.H. Devoret, *Conduction Channel Transmission of Atomic-Size Aluminium Contacts*, Physical Review Letters **78**, 3535 (1997).

[13]　S. Egle, C. Bacca, H.-F. Pernau, M. Huefner, D. Hinzke, U. Nowak, E. Scheer, *Magnetosresistance of atomic-size contacts realized with mechanically controllable break junctions*, Physical Review B **81**, 1 (2010).

[14]　M. Gabuarec, M. Viret, F. Ott, C. Fermon, *Magnetoresistance in nanocontacts induced by magnetostrictive effects*, Physical Review B **69**, 1 (2004).

[15]　M. Müller, R. Montbrun, M. Marz, V. Fritsch, C. Sürgers, H.v. Löhneysen, *Switching the conductance of Dy nanocontacts by magnetostriction*, Nano Letters **11**, 574 (2011).

[16]　A.E. Clark, B.F. DeSavage, R. Bozorth, *Anomalous Thermal Expansion and Magnetostriction of Single Crystal Dysprosium*, Physical Review **138**, A216 (1965).

[17]　N.W. Ashcroft, N.D. Mermin, *Festkörperphysik, 2. Auflage* (Oldenburg Verlag, München, Wien, 2005).

[18]　Elke Scheer, *Zur Geometrieabhängigkeit der Leitwertfluktuationen in nanostrukturierten Metallschichten*, Dissertation, Universität Karlsruhe, 1995.

[19]　B.J. van Wees, H. van Houten, C.W.J. Beenakker, J.G. Williamson, L.P. Kouwenhoven, D. van der Marel, C.T. Foxon, *Quantized Conductance in a Two-Dimensional Elektron Gas*, Physical Review Letters **60**, 848 (1987).

[20]　Charles Kittel, *Einführung in die Festkörperphysik, 14. Auflage* (Oldenbourg Verlag, München, Wien, 2006).

[21]　M. Brandbyge, K.W. Jacobsen, J.K. Nørskov, *Scattering and conductance quantization in three-dimensional metal nanocontacts*, Physical Review B **55**, 2637 (1996).

[22] R. Landauer, *Conductance determined by transmission: probes and quantized constriction resistance*, Journal of Physics: Condensed Matter 1 8099 (1989).

[23] A. Yacony, Y. Imry, *Quantisation of the conductance of ballistic point contacts beyond the adiabatic approximation*, Physical Review B **41**, 5341 (1989).

[24] Forschungszentrum Jülich, *Magnetische Schichsysteme* (Forschungszentrum Jülich GmbH, Jülich, 1999).

[25] Bergmann, Schäfer, *Festkörper, 2. Auflage* (Walter de Gruyter, Berlin, New York, 2005).

[26] Stephen Blundell, *Magnetism in Condensed Matter* (Oxford University Press, Oxford, New York, 2004).

[27] R.J. Elliot, *Magnetic Properties of Rare Earth Metals* (Plenum Press, London and New York, 1972).

[28] J.J Rhyne, A.E. Clark, *Magnetic Anisotropy of Terbium and Dysprosium*, Journal of Applied Physics **38**, 1379 (1967).

[29] Robert C. O'Handley, *Modern Magnetic Materials* (John Wiley and Sons, New York, Chichester, Weinheim, Brisbane, Singapore, Toronto, 2000).

[30] B.D. Cullity, C.D. Graham, *Introduction to Magnetic Materials* (John Wiley and Sons, New Yersey, 2009).

[31] Holger Kabelitz, *Entwicklung und Optimierung magnetoelstischer Sensoren und Aktuatoren*, Dissertation, Technische Universität Berlin, 1994.

[32] Julian Baumann, *Einspritzmengenkorrektur in Common-Rail-Systemen mit Hilfe magnetoelastischer Drucksensoren*, Dissertation, Universität Karlsruhe, 2006.

[33] Ralf Schernewski, *Modellbasierte Regelung ausgewählter Antriebssystemkomponenten im Kraftfahrzeug*, Dissertation, Universität Karlsruhe, 1999.

[34] Attalia A. Nagy, *Mechanische Spektroskopie an Eisen-Aluminium und an Polymerschichten*, Dissertation, Technische Universität Braunschweig, 2002.

[35] E.W. Lee, L. Alberts, *The Magnetostriction of Dysprosium Metal*, Proceedings of the Physical Society **79**, 977 (1961).

[36] D. Gignoux, M. Schlenker, *Magnetism: Fundamentals* (Springer Verlag, Grenoble, 2005).

[37] Wolfgang Demtröder, *Experimentalphysik 1, 3. Auflage* (Springer Verlag, Berlin, Heidelberg, New York, 2002).

[38] Rick Allen Kellogg, Master-thesis, Iowa State University, 2000.

[39] Siegfried Hunklinger, *Festkörperphysik, 2. Auflage* (Oldenbourg Wissenschaftsverlag, München, 2009).

[40] H. Ibach, H. Lüth, *Festkörperphysik, 6. Auflage* (Springer Verlag, Berlin, Heidelberg, New York, 2002).

[41] M. Rosen, H. Klimker, *Low-Temperature Elasticity and Magneto-Elasticity of Dysprosium Single Crystals*, Physical Review B **1**, 3748 (1970).

[42] A.E. Clark, *Ferromagnetic Materials, Vol. 1* (North-Holland Publisher Company, Amsterdam, 1980).

[43] W.P. Mason, *A Phenomenological Derivation of the First- and Second-Order Magnetostriction and Morphic Effects for a Nickel Crystal*, Physical Review **82**, 715 (1951).

[44] K.N.R. Taylor, M.I. Darby, *Physics of Rare Earth Solids* (Chapman and Hall, London, 1972).

[45] R. Ahuja, S. Auluck, B. Johannsson, M.S.S. Brooks, *Electronic structure, magnetism, and fermi surfaces of Gd and Tb*, Physical Review B **50**, 5147 (1994).

[46] Kazuo Niira, *Temperature Dependence of the Magnetostriction of Dysprosium Metal*, Physical Review **117**, 129 (1959).

[47] D.R. Behrendt, S. Legvold, F.H. Spedding, *Magnetic Properties of Dysprosium Single Crystals*, Physical Review **109**, 1544 (1957).

[48] S. Legvold, J. Alstad, J. Rhyne, *Giant Magnetostriction in Dysprosium and Holmium Single Crystals*, Physical Review Letters **10**, 909 (1963).

[49] J.M. van Ruitenbeek, A. Alvarez, I. Pineyro, C. Grahmann, P. Joyez, M.H. Devoret, D. Esteve, C. Urbina, *Adjustable nanofabricated atomic size contacts*, Review of Scientific Instruments **67**, 108 (1996).

[50] Gerald J. Lapeyre, *Photoemission Investigation of the Electronic Structure of Dysprosium*, Physical Review **179**, 623 (1969).

[51] O.Yu. Kolesnychenko, O.I Shklyarevskii, H. van Kempen, *Giant Influence of Adsorbed Helium on Field Emission Resonance Measurements*, Physical Review Letters **83**, 2242 (1999).

[52] Marc Müller, Diplomarbeit, Universität Karlsruhe, 2008.

[53] Philipp Jaroljmek, Diplomarbeit, Universität Karlsruhe, 2004.

[54] Daniel Kaufmann, Diplomarbeit, Universität Karlsruhe, 2006.

[55] *MagLab VSM (Superconducting system with integral VTI*, version 1b ed., Oxford Instruments, 1998.

[56] Marc Philipp Uhlarz, *Magnetisierung von $ZrZn_2$ unter hohem Druck*, Dissertation, Universität Karlsruhe, 2004.

[57] Tobias Görlach, *Tieftemperatureigenschaften der intermetallischen Ce- und Yb-Verbindungen $CePtAl_3$, $La_{1-x}Ce_xCu_6$, $YbAl_2$ und $YbPd_{1-x}Pt_xSn$*, Dissertation, Universität Karlsruhe, 2006.

[58] *Palladium Reference Samples*, Quantum Design, http://www.qdusa.com/.

[59] E. Scheer, P. Konrad, C. Bacca, A. Mayer-Gindner, H.v. Löhneysen, M. Häfner, J.C. Cuevas, *Correlation between transport properties and atomic configuration of atomic contacts of zinc by low-temperature measurements*, Physical Review B **74**, 1 (2006).

[60] C. Untiedt, D.M.T. Dekker, D. Djukic, J.M. van Ruitenbeek, *Absence of magnetically induced fractional quantization in atomic contacts*, Physical Review B **69**, 1 (2004).

[61] F. Pauly, M. Dreher, J.K. Viljas, M. Häfner, J.C. Cuevas, P. Nielaba, *Theoretical analysis of the conductance histograms and structural properties of Ag, Pt and Ni nanocontacts*, Physical Review B **74**, 1 (2006).

[62] Landolt-Börnstein, *Tabellenwerk* (Springer Verlag, Berlin, 2011).

[63] I.I. Mazin, *How to Define and Calculate the Degree of Spin Polarization in Ferromagnets*, Physical Review Letters **83**, 1427 (1999).

[64] R. Meservey, D. Paraskevopoulos, P.M. Tedrow, *Spin Polarized Tunneling in Rare Earth Ferromagnets*, Journal of Apllied Physics **49**, 1405 (1978).

[65] R. Meservey, D. Paraskevopoulos, P.M. Tedrow, *Tunneling measurements of conduction-electron-spin polarization in heavy rare-earth metals*, Physical Review B **22**, 1331 (1980).

[66] J.F. Smith, C.E. Carlson, F.H. Spedding, *Elastic Properties of Yttrium and Eleven Of the Rare Earth Elements*, Journal of Metals 1212 (1957).

[67] K.A. Gschneiderer Jr., *Physical Properties of the Rare Earth Metals*, Bulletin of Alloy Phase Diagrams **11**, 216 (1990).

[68] Brockhaus, *Brockhaus*, No. 20 in *19. Auflage* (F.A. Brockhaus, Mannheim, 1991).

[69] Brockhaus, *Brockhaus*, No. 24 in *19. Auflage* (F.A. Brockhaus, Mannheim, 1991).

[70] M.P. Cox, J.S. Foord, R.M. Lambert, R.H. Prince, *Chemisorptive emission and luminescence*, Surface Science - North Holland Publishing Company **129**, 399 (1983).

[71] D.E. Eastman, *Photoelectric work functions of transition, rare-earth, and noble metals*, Physical Review B **2**, (1970).

[72] J.C.A. Huang, R-R. Du, C.P. Flynn, *Slip requirements for coherent tilt of hcp epitaxial crystals*, Physical Review B **44**, 4060 (1991).

[73] J.M.D. Coey, *Magnetism and Magnetic Materials* (Cambridge University Press, Cambridge, 2010).

[74] S.S. Brenner, *Tensile Stress of Whiskers*, Journal of Applied Physics **27**, 1484 (1956).

[75] David R. Lide, *CRC handbook of chemistry and physics*, *88. Edition* (CRC Press, Boca Raton, 2008).

[76] Hugh D. Young, Roger A. Freedman, Albert Lewis Ford, *University physics : with modern physics*, *12. Edition* (Pearson/Addison-Wesley, San Francisco, CA, 2008).

[77] N.Mori, Y.Fukuda, T. Ukai, *Ferromagnetic Anisotropy Energies of Ni and Fe Metals - Band Model -*, Journal of the Physical Society of Japan **37**, 1263 (1974).

[78] C. Untiedt, G. Rubio, S. Viera, N. Agraït, *Fabrication and characterization of metallic nanowires*, Physical Review B **56**, 2154 (1997).

[79] G. Rubio, N. Agraït, S. Vieira, *Atomic-Sized Metallic Contacts: Mechanical Properties and Electronic Transport*, Physical Review Letters **76**, 2302 (1996).

[80] A. Garcia-Martin, J.A. Torres, J.J. Saenz, *Finite size corrections to the conductance of ballistic wires*, Physical Review B **54**, 13448 (1996).

7 Danksagung

Wie der Titel „Danksagung" schon vermuten lässt, möchte ich mich in diesem Teil bei all den Personen bedanken, die mich auf dem Weg zur Promotion unterstütz haben und ohne die diese Arbeit nicht möglich gewesen wäre.

Zunächst geht mein Dank an Prof. H. von Löhneysen, der mir die Möglichkeit zur Promotion gegeben hat. Die Arbeit in diesem hervorragenden Arbeitsklima hat mir Spaß gemacht und ich habe dabei sehr viel gelernt – nicht nur in physikalischer Hinsicht. Prof. G. Weiß danke ich für die Übernahme des Korreferats.

Ein ganz großes Dankeschön geht an Christoph Sürgers, der mir nicht nur im Verständnis der Arbeit sehr viel geholfen hat. Deine sehr gute Betreuung zeigt sich darin, dass du immer für mich da warst. Du hattest auf alle Fragen eine Antwort parat. Zudem danke ich dir für deine unbegrenzt erscheinende Geduld: du wurdest es nicht müde, mir auch die einfachsten Dinge immer und immer wieder zu erklären, bis auch ich sie verstanden hatte. Somit hast du wesentlichen Anteil daran, dass ich diese Arbeit machen und zu Ende bringen konnte.

Veronika Fritsch danke ich sowohl für die Magnetisierungsmessungen am VSM sowie für die Hilfe in diversen Vortragsvorbereitungen und den damit verbundenen vielen Probevorträgen, die du über dich ergehen lassen musstest.

Der Feinmechanischen Werkstatt und der Elektronikwerkstatt danke ich für die Hilfe bei jeglichen Problemen die Apparaturen betreffend. Ein Dank geht auch an die Herren der Heliumhalle, Herr B. Sachin und Herr F. Hartlieb, die mich immer mit den nötigen flüssigen Kühlmitteln versorgt haben. Bedanken möchte ich mich auch bei Frau K. Hugle für die vielen Drähte, die sie in meiner Zeit am Institut sägen musste. Ein Dank geht an unsere Administratoren, Lars Behrens und Richard Montbrun, die immer dafür gesorgt haben, dass die Rechner einwandfrei liefen und man sich nicht mit Computerproblem beschäftigen musste. Zudem danke ich Lars für die vielen Graphiken, die er erstellt hat.

Ein großer Dank gebührt Richard Montbrun. Ich weiß erstmal nicht, wo

ich anfangen soll. Zunächst vielen Dank für die sehr gute Betreuung, nicht nur während meiner Diplomarbeit, sondern auch im Laufe der Promotion und im privaten Bereich. Die Gespräche während unserer langjährigen gemeinsamen Zeit haben mir sehr geholfen und ich werde sie sicher schwer vermissen. Dabei hast du mir nicht nur unzählige physikalische Dinge erklärt, sondern auch für fast alle Lebenslagen Tipps zur Hand gehabt. Für deine Hilfe bei der Instandsetzung der durch Unfälle zerstörten Fahrräder und deren Wartung danke ich dir ebenfalls. Einen besseren, kompetenteren „Fahrrad-Fachmann meines Vertrauens" werde ich nirgends mehr finden.
Sandra Drotziger danke ich für die Hilfe beim Erstellen des Literaturverzeichnisses in letzter Minute sowie die Tipps zum Prüfungsablauf. Michael Marz war immer zur Stelle, wenn Not am Mann war. Von dir habe ich viel gelernt. Die Gespräche mit dir waren zumeist erheiternd, wofür ich dir danken möchte. Nicht minder erheiternd waren die Gespräche mit Wolfram Kittler. Du hast mich während unserer gemeinsamen Zeit im Labor durch deine Tipps im privaten Bereich weiter gebracht.
Für die bereits angesprochene, sehr gute Arbeitsathmosphäre in der Gruppe danke ich allen bislang nicht namentlich erwähnten Gruppenmitgliedern. Man kann nicht jeden namentlich ausfzählen, fühlt euch einfach alle erwähnt.
Besonderer Dank gebührt meiner Familie, die mir durch ihren Rückhalt Kraft gegen hat. Insbesondere meiner Mutter danke ich für all die Probleme, die ich mit dir in dieser nicht immer einfachen Zeit besprechen konnte.

Experimental Condensed Matter Physics
(ISSN 2191-9925)

Herausgeber
Physikalisches Institut

      Prof. Dr. Hilbert von Löhneysen
      Prof. Dr. Alexey Ustinov
      Prof. Dr. Georg Weiß
      Prof. Dr. Wulf Wulfhekel

Die Bände sind unter www.ksp.kit.edu als PDF frei verfügbar oder
als Druckausgabe bestellbar.